U0174391

图解KUKA工业机器人 电路连接及检测

耿春波 宋 健 耿琦菲 **编 著**

机 械 工 业 出 版 社

本书共分10章，通过图解的方式讲解KUKA工业机器人电路连接和检测。本书涉及KUKA工业机器人KR C4标准型控制柜和KR C4紧凑型控制柜，主要内容包括KUKA工业机器人控制柜的组成、低压电源、KUKA工业机器人计算机组件KPC、KUKA工业机器人控制总线KCB、KUKA工业机器人系统总线KSB、KUKA工业机器人扩展总线KEB、KUKA工业机器人线路接口KLI、KUKA工业机器人服务接口KSI、控制系统操作面板CSP的连接、KUKA工业机器人控制柜控制单元CCU、KUKA紧凑型工业机器人的电路连接和故障诊断方法，以及KUKA工业机器人与PLC的通信。这些内容可帮助读者提高KUKA工业机器人的调试和维修水平。

联系QQ296447532，赠送PPT课件。

本书适合企业中从事工业机器人调试和维修的工程技术人员，以及大专院校工业机器人维修调试、机电一体化、电气自动化及其他相关专业师生阅读。

图书在版编目（CIP）数据

图解KUKA工业机器人电路连接及检测/耿春波，宋健，耿琦菲编著.—北京：机械工业出版社，2023.2

（图解·一学就会系列）

ISBN 978-7-111-72599-2

Ⅰ.①图… Ⅱ.①耿… ②宋… ③耿… Ⅲ.①工业机器人–电路图–图解 Ⅳ.① TP242.2-64

中国国家版本馆CIP数据核字（2023）第024077号

机械工业出版社（北京市百万庄大街22号　邮政编码100037）

策划编辑：周国萍　　　　　　责任编辑：周国萍　刘本明
责任校对：张爱妮　梁　静
责任印制：邓　博

北京盛通商印快线网络科技有限公司印刷

2023年5月第1版第1次印刷

184mm×260mm·13.5印张·292千字

标准书号：ISBN 978-7-111-72599-2

定价：59.00元

电话服务　　　　　　　　　　网络服务

客服电话：010-88361066　　机 工 官 网：www.cmpbook.com
　　　　　010-88379833　　机 工 官 博：weibo.com/cmp1952
　　　　　010-68326294　　金 书 网：www.golden-book.com
封底无防伪标均为盗版　　　机工教育服务网：www.cmpedu.com

前言 Preface

随着 KUKA 工业机器人的应用越来越广泛，大专院校的广大师生不再仅仅满足于编程与操作。另外，企业中的工程技术人员，尤其是从事电气控制相关工作的技术人员，迫切要求了解和学习 KUKA 工业机器人详细的电路结构及维护技能。本书可满足这部分读者的需求。

本书共分 10 章。第 1 章介绍了 KUKA 工业机器人 KR C4 标准型控制柜和 KR C4 紧凑型控制柜的组成及连接，让读者从整体上了解 KUKA 工业机器人控制系统的布局。第 2～9 章详细讲解了 KUKA 工业机器人低压电源、KUKA 工业机器人计算机组件 KPC、KUKA 工业机器人控制总线 KCB、KUKA 工业机器人系统总线 KSB、KUKA 工业机器人扩展总线 KEB、KUKA 工业机器人线路接口 KLI、KUKA 工业机器人服务接口 KSI、控制系统操作面板 CSP、KUKA 工业机器人控制柜控制单元 CCU、KUKA 紧凑型工业机器人的电路连接和故障诊断方法，详细介绍了以上各部件的电路结构，绘制了规范易懂的电路图，以期提高读者对 KUKA 工业机器人电路的识读水平。第 10 章讲解了 KUKA 工业机器人与 PLC 的通信，介绍了 KUKA 工业机器人的通信技术、自动运行程序的配置方法等。附录提供了 KUKA KR C4 标准型和紧凑型控制柜的组件布局。由于 KUKA 工业机器人有不同规格和版本，电路连接会有细微不同，敬请读者注意。

为便于一线读者学习使用，书中的一些图形符号及名词术语按行业习惯呈现，未完全按照国家标准进行统一，敬请谅解。

联系 QQ296447532，赠送 PPT 课件。

本书由武汉金石兴机器人自动化工程有限公司耿春波、莱芜职业技术学院宋健、上海大学悉尼工商学院耿琦菲编写。

在本书编写过程中，编者参考了 KUKA 工业机器人的说明书，在此表示感谢。由于编者水平有限，书中难免有错误和不足之处，敬请读者批评指正。

编 者

目 录 Contents

第 1 章　KUKA 工业机器人控制柜

KUKA 工业机器人控制柜有 KR C4 标准型（Standard）、KR C4 扩展型（Extended）、KR C4 紧凑型（Compact）、KR C4 中型（MidSize）、KR C4 小型 2(SmallSize2）等几种规格。KUKA 工业机器人控制柜的 KR C2 系列已经停产。本章介绍 KUKA 工业机器人 KR C4 系列控制柜的组成及作用，该控制柜外形如图 1-1 所示。

图　1-1

1.1　KUKA 工业机器人标准型控制柜的组成及连接

KUKA 工业机器人标准型控制柜内视图及组成如图 1-2 所示。

图　1-2

1—电源滤波器　2—主开关　3—控制系统操作面板 CSP　4—控制系统的 PC 组件 KPC
5—KUKA 电源包 KPP　6、7—KUKA 伺服包 KSP　8—制动滤波器　9—控制柜控制单元
10—安全接口板 SIB/SIB 扩展板　11—保险元件　12—蓄电池　13—接线面板
14—KUKA 示教器 KUKA smartPAD

1.1.1　电源滤波器

电源滤波器可以抑制 KUKA 电源包 KPP 和 KUKA 伺服包 KSP 产生的干扰电压，电网 50Hz /60Hz 的信号可以顺利通过。如果没有电源滤波器，KPP 和 KSP 产生的干扰电压可能扩展到整个电网。在控制柜左侧盖板的下面安装着电源滤波器和热交换器，如图 1-3 所示。

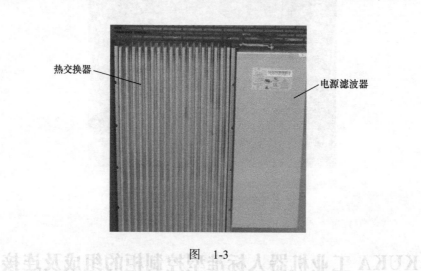

热交换器　　　　　　　　　　　　　　　　电源滤波器

图　1-3

1.1.2　控制系统操作面板 CSP

控制系统操作面板 CSP 是各种运行状态的显示单元，具体内容见 7.3 节。

1.1.3 KR C4 控制系统的 PC 组件

KR C4 控制系统的 PC 组件简称 KPC，是 KUKA 控制系统的核心，如图 1-4 所示。KPC 由电源、主板、DualNIC 双工网卡、RAM 存储器和硬盘构成。

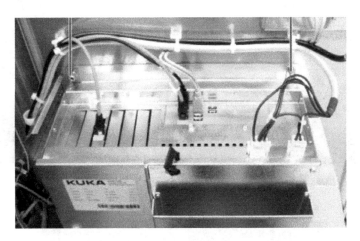

图 1-4

1.1.4 KR C4 的 KUKA 驱动装置

KR C4 的 KUKA 驱动装置包含的元件有 KUKA 电源包 KPP、KUKA 伺服包 KSP，如图 1-5 所示。KUKA 电源包 KPP 是驱动电源，将三相交流电整流成直流 600V。KUKA 伺服包 KSP 将直流 600V 的电压逆变成交流电，给伺服电动机供电，伺服电动机驱动工业机器人各关节运动。

有的 KUKA 电源包 KPP 不带轴伺服系统，它的作用只是将交流电整流成直流电，为了实现工业机器人对六个轴的控制，需要配备两个三轴 KUKA 伺服包 KSP。

有的 KUKA 电源包 KPP 除整流功能外，另外带有轴伺服系统。如果 KPP 带有三轴伺服系统，可以驱动电动机 M4、M5、M6。为了实现工业机器人对六个轴的控制，带三轴伺服系统的 KUKA 电源包 KPP 需要配备一个三轴 KUKA 伺服包 KSP。

图 1-5 中的 KUKA 电源包 KPP 不带轴伺服系统，因此配备了两个三轴 KUKA 伺服包 KSP。

1.1.5 制动滤波器

制动滤波器 K2 用于过滤制动器松开时产生的电压峰值。制动滤波器安装在控制柜的右侧，如图 1-6 所示。

KUKA伺服包KSP

KUKA电源包KPP

图　1-5

图　1-6

1.1.6　控制柜控制单元CCU

控制柜控制单元CCU包含两块电路板，上面是电源管理板PMB，下面是控制柜接口板CIB。控制柜控制单元CCU是机器人控制系统所有组件的配电装置和通信接口。所有数据通过内部通信传输给控制系统进行处理。当电源断电时，控制系统部件由蓄电池供电，完成位置数据备份，直到控制系统关闭。控制柜控制单元CCU还可通过负载测试检查蓄电池的充电状态和质量，如图1-7所示。

图　1-7

1.1.7 安全接口板 SIB

安全接口板 SIB 是客户安全接口的组成部分，且与 KUKA 系统总线 KSB 连接，如图 1-8 所示。安全接口板的详细介绍参见后面的安全回路部分。

安全接口板

图　1-8

1.1.8 保险元件

保险元件中的断路器 Q3 如图 1-9 所示。断路器 Q3 为电动机保护开关，监控电网侧的三相电源，如果出现过载，Q3 将三相电源从电网中断开。

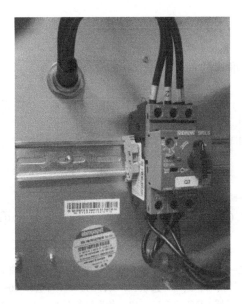

图　1-9

1.1.9 蓄电池

机器人控制系统会在断电时借助蓄电池在受控状态下关闭。蓄电池接受控制柜的充电以及周期性的电量监控。蓄电池管理器由计算机控制，并且通过一条 USB 连接线与控制柜连接。蓄电池与控制柜控制单元 CCU 上的插头 X305 连接，采用 F305 号熔丝保护。蓄电池如图 1-10 所示。

图 1-10

1.1.10 接线面板

KUKA 工业机器人标准接线面板如图 1-11 所示。

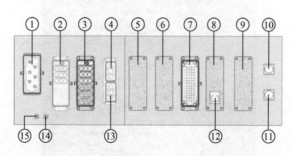

图 1-11

1—XS1 电源接口　2—X20.1 重负载机器人电动机接口　3—X20 轴 1 ～ 6 的电动机接口
4—X7.1 附加轴 7 的电动机接口　5、6、8、9—选项　7—X11 接口（可选）10—X19 示教器 smartPAD 的接口
11—X21 旋转变压器数字转换器 RDC 的接口　12—备选网络接口　13—X7.2 附加轴 8 的电动机接口
14—SL1 机械手接地线　15—SL2 主电源接地线

1.1.11　示教器

示教器（KUKA smartPAD）插接在机器人控制系统的接线面板X19上，KUKA smartPAD拥有独立的Windows CE操作系统，控制系统与显示器通过远程桌面协议（Remote Desktop Protocol，RDP）通信，KUKA smartPAD可以热插拔，如图1-12所示。

图　1-12

1.1.12　KR C4 驱动总线

KR C4控制系统具有六种基于以太网的总线系统。每个总线系统用于不同的控制系统组件的相互连接，如图1-13所示，总线名称及功能见表1-1。

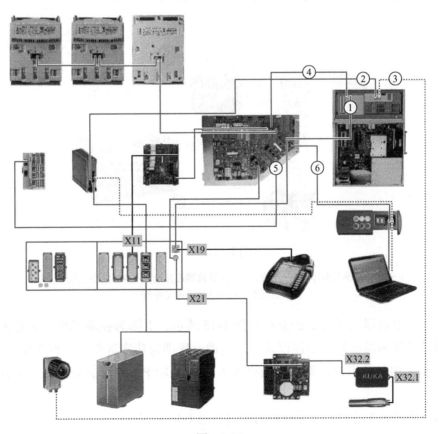

图　1-13

表 1-1

序号	名称	功能
1	KUKA 工业机器人系统总线 KSB	连接示教器、安全接口板等部件
2	KUKA 工业机器人线路接口 KLI	连接 PLC、Profinet 等现场总线，计算机
3	KUKA 工业机器人选项网络接口 KONI	连接选项软件包 VisionTech 的摄像头等
4	KUKA 工业机器人控制器总线 KCB	连接驱动回路
5	KUKA 工业机器人扩展总线 KEB	连接输入输出模块
6	KUKA 工业机器人服务接口 KSI	连接安装有 WorkVisial 的笔记本计算机，进行机器人系统的配置和诊断

1.2 KUKA 工业机器人紧凑型控制柜的组成及连接

KUKA 工业机器人紧凑型控制柜组成及连接如图 1-14 所示。

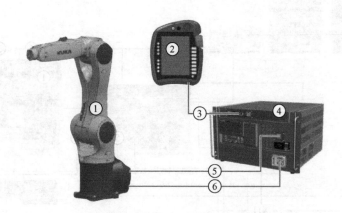

图 1-14

1—工业机器人本体　2—示教器　3—示教器连接电缆　4—机器人控制系统
5—数据线　6—电动机连接电缆

KUKA 工业机器人紧凑型控制柜如图 1-15 所示，上部为控制部件，又称为控制箱，包括所有计算机和控制系统组件以及低压电源；底部为功率部件，又称为驱动装置，包括所有与驱动相关的组件，例如小型机器人电源包 KPP_SR 和小型机器人伺服包 KSP_SR 等。

KUKA 紧凑型工业机器人控制柜的接口如图 1-16 所示。

图 1-15

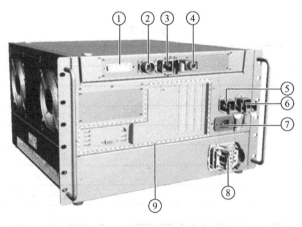

图 1-16

1—X11 安全接口 2—X19 示教器 smartPAD 接口 3—X65 KUKA 工业机器人扩展总线 KEB 接口
4—X69 KUKA 工业机器人服务接口 KSI 5—X21 机械手数据线接口 6—X66 KUKA 工业机器人线路接口 KLI
7—X1 网络接口 8—X20 电动机插头 9—选装 PC 插槽

X20 接口如图 1-17 所示，针脚说明见表 1-2。

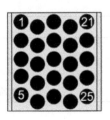

图 1-17

表 1-2

针脚	说明	针脚	说明
1	电动机 M1 的 U1 相	5	电动机 M5 的 U1 相
6	电动机 M1 的 V1 相	10	电动机 M5 的 V1 相
11	电动机 M1 的 W1 相	15	电动机 M5 的 W1 相
2	电动机 M2 的 U1 相	21	电动机 M6 的 U1 相
7	电动机 M2 的 V1 相	22	电动机 M6 的 V1 相
12	电动机 M2 的 W1 相	23	电动机 M6 的 W1 相
3	电动机 M3 的 U1 相	18	轴 1～3 制动器 24V
8	电动机 M3 的 V1 相	24	轴 1～3 制动器 GND
13	电动机 M3 的 W1 相	19	轴 4～6 制动器 24V
4	电动机 M4 的 U1 相	25	轴 4～6 制动器 GND
9	电动机 M4 的 V1 相	20	PE
14	电动机 M4 的 W1 相	—	—

X21 接口的针脚说明见表 1-3。

表 1-3

针脚	说明
1	+24V PS1
2	GND
5	+24V 电源
6	GND
9	TPFO_P
10	TPFI_P
11	TPFO_N
12	TPFI_N

X19 接口的针脚说明见表 1-4。

表 1-4

针脚	说明
11	TD+
12	TD−
2	RD+
3	RD−
8	示教器 smartPAD 已插入（A）0V
9	示教器 smartPAD 已插入（B）24V
5	24V PS2
6	GND

X55 接口的针脚说明见表 1-5。

表 1-5

针脚	说明
1	+24V 外部
2	0V 外部
3	+24V 外部
4	0V 外部
5	+24V 外部
6	0V 外部
7	24V 内部
8	0V 内部
—	PE

第2章 KUKA 工业机器人低压电源

低压电源 G2 将三相交流电整流成 27V 直流电，然后通过控制柜控制单元 CCU 分配给各个组件直流电源，各个组件有控制柜控制单元 CCU、电动机制动装置、外围设备、控制系统的 PC 组件 KPC、KUKA 电源包 KPP、KUKA 伺服包 KSP、蓄电池、控制柜风扇、旋转变压器数字转换器 RDC、KUKA 示教器 KUKA smartPAD。

2.1 KR C4 标准型低压电源的接口

低压电源输入三相 400V 的交流电，输出直流电源 +27V、40A，如图 2-1 所示。

图 2-1

低压电源的代号为 G2，具体说明如下：

X1：输出直流电源 +27V、40A；

X2：输入三相 400V 的交流电；

XPE：接地端。

低压电源有一个绿色 LED 指示灯，可以显示低压电源的工作状态。输出电源正常时显示绿色。在低压电源安装好的状态下，只能通过隔板的冷却槽看到 LED 指示灯。

2.2 KR C4 标准型低压电源的连接

低压电源 G2 的连接如图 2-2 所示。

三相 400V 交流电经过滤波器 K1、断路器 Q3 输入低压电源 G2 的 X2 接口，低压电源整流出 27V、40A 直流电源，直流电源传输到控制柜控制单元 CCU，CCU 再将直流电源分配到各个组件。

控制柜控制单元 CCU 的 X1 接口的 1、2、3、4、5 端子对应 27V，6、7、8、10、11 端子对应 0V，9、12 端子对应 0V 并接地。

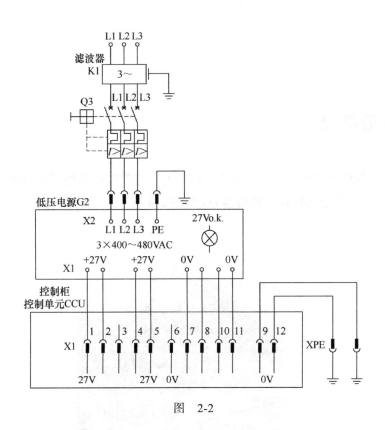

图 2-2

2.3 滤波器 K1

电源滤波器 K1 可以抑制 KUKA 电源包 KPP 和 KUKA 伺服包 KSP 产生的干扰电压，

电网 50Hz/60Hz 的信号可以顺利通过。如果没有电源滤波器，KPP 和 KSP 产生的干扰电压可能扩展到整个电网。滤波器 K1 如图 2-3 所示。

图　2-3

2.4　断路器 Q3

作为保险元件的断路器 Q3 是电动机保护开关，监控电网侧的三相电源，如果出现过载，Q3 将三相电源从电网断开。断路器 Q3 如图 2-4 所示。

图　2-4

2.5 低压电源的 X1、X2 接口

低压电源 G2 的 X2 接口输入三相 400V 的交流电，经过低压电源整流后，X1 中输出直流电源 +27V、40A。低压电源的 X1、X2 接口的位置如图 2-5 所示。

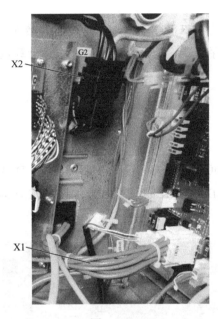

图 2-5

第3章 KUKA 工业机器人计算机组件 KPC

控制器的 CP 盒 X2 接口连接上到机器人本体的电动机线缆；CCU 把电源电压传送到 KPC 和驱动控制装置 −27V、40V，电压传输到 X7。X2 接口的功能及各参数...

KR C4 的计算机组件简称 KPC，是 KUKA 工业机器人的控制核心。KPC 由主板、DualNIC 双工网卡、RAM 存储器、硬盘、计算机电源、计算机风扇等构成。

3.1 KPC 主板

KPC 主板的型号有 D2608−K、D3076−K、D3236−K、D3445−K，连接如下：

1）KUKA 主板型号为 D2608−K 的计算机组件接口如图 3-1、图 3-2 所示，接口的名称见表 3-1。

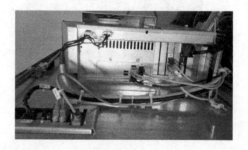

图 3-1

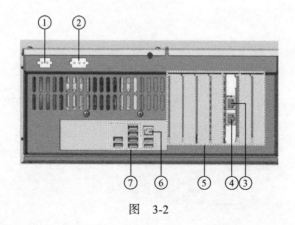

图 3-2

表　3-1

序号	接口	序号	接口
1	KPC 工作电源 DC 24V 的 X961 插头	5	现场总线卡插槽 1 ～ 7
2	KPC 计算机风扇的 X962 插头	6	主板内装 LAN 网卡：KUKA 系统总线 KSB 接口
3	LAN 双工网卡 DualNIC：KUKA 控制器总线 KCB 接口	7	8 个 USB 2.0 端口
4	LAN 双工网卡 DualNIC：KUKA 线路接口 KLI 接口	—	—

2）KUKA 主板型号为 D3076-K 的计算机组件接口如图 3-3、图 3-4 所示，接口的名称见表 3-2。

图　3-3

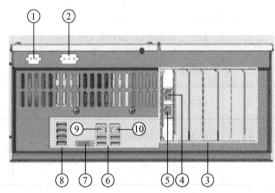

图　3-4

表　3-2

序号	接口	序号	接口
1	KPC 工作电源 DC 24V 的 X961 插头	6	4 个 USB 2.0 端口
2	KPC 计算机风扇的 X962 插头	7	DVI-I，支持 VGA 显示器
3	现场总线卡插槽 1 ～ 7	8	4 个 USB 2.0 端口
4	LAN 双工网卡 DualNIC：KUKA 控制器总线 KCB 接口	9	板载 LAN 网卡：KUKA 选项网络接口 KONI
5	LAN 双工网卡 DualNIC：KUKA 系统总线 KSB 接口	10	板载 LAN 网卡：KUKA 线路接口 KLI

3）KUKA 主板型号为 D3236-K 的计算机组件接口如图 3-5 所示，接口的名称见表 3-3。

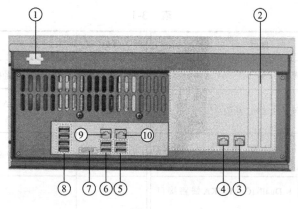

图　3-5

表　3-3

序号	接口	序号	接口
1	KPC 工作电源 DC 24V 的 X961 插头	6	2 个 USB 3.0 端口
2	现场总线卡插槽 1～2	7	DVI-I，支持 VGA 显示器
3	KUKA 控制器总线 KCB 接口	8	4 个 USB 2.0 端口
4	KUKA 系统总线 KSB 接口	9	KUKA 选项网络接口 KONI
5	2 个 USB 2.0 端口	10	KUKA 线路接口 KLI

4）KUKA 主板型号为 D3445-K 的计算机组件接口如图 3-6 所示，接口的名称见表 3-4。

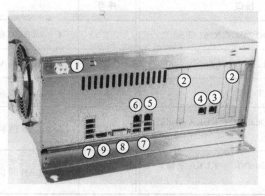

图　3-6

表 3-4

序号	接口	序号	接口
1	KPC 工作电源 DC 24V 的 X961 插头	6	主板内建 LAN 网卡：KUKA 选项网络接口 KONI
2	现场总线卡插槽 1～7	7	USB 端口
3	主板内建 LAN 网卡：KUKA 控制器总线 KCB 接口	8	DVI–I，支持 VGA 显示器
4	主板内建 LAN 网卡：KUKA 系统总线 KSB 接口	9	显示端口
5	主板内建 LAN 网卡：KUKA 线路接口 KLI	—	—

3.2 DualNIC 双工网卡

KUKA DualNIC 是一种供两个独立网络（KUKA 线路接口 KLI 和 KUKA 控制器总线 KCB）使用的双工网卡。此网卡是为适应 KUKA 的要求专门开发的，如图 3-7 所示。在较新的主板上不再配备 DualNIC 网卡，网络接口已经固定集成到主板上。

图 3-7

3.3 KPC 的 RAM 存储器

RAM 存储器模块用于装载操作系统 Windows 和 VxWorks。KPC 出厂时已配有经 KUKA 烧录的 RAM 存储器模块。如需升级／更换装备，只允许采用 KUKA 提供的 RAM 存储器，如图 3-8 所示。

图　3-8

3.4　KPC 的存储介质

KPC 的存储介质为硬盘。硬盘包含必要的操作系统以及机器人系统运行所需的软件和所有数据。硬盘里存有 Windows 系统、KUKA 系统软件、工艺数据包（选项）等。

硬盘有 SATA 硬盘和 SSD 硬盘。SATA 硬盘为串口硬盘，如图 3-9 所示。

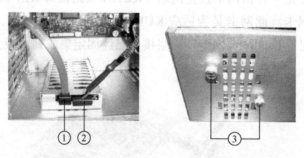

图　3-9

1—SATA 接口线　2—电源线　3—硬盘固定滚花螺钉

SSD 硬盘为固态硬盘，如图 3-10 所示。使用 SSD 固态硬盘可缩短系统启动时间，而且可避免恶劣环境（例如振动）造成器件损坏。固态硬盘有两个分开的接口，分别为 15 针的电源接口和用于数据传输的 7 针 SATA 接口。

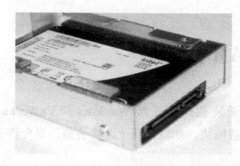

图　3-10

3.5　KPC 的计算机电源

计算机电源给主板、硬盘等供电。计算机电源的输入电压为 27V，不是市面常见的输入交流 220V 的电源。计算机电源位于图 3-11 中的位置①。

图　3-11

3.6　KPC 的计算机风扇

计算机风扇用于对计算机组件及整个机箱内部进行冷却，位于图 3-12 中的位置③。

图　3-12

1—风扇插头　2—控制系统计算机机箱　3—计算机风扇　4—网栅　5—CPU 散热器

风扇的安装固定如图 3-13 所示。

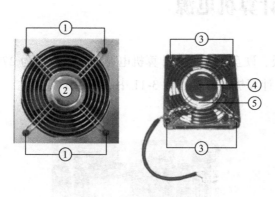

图 3-13

1—安装栓塞　2—网栅　3—网栅的固定（开口铆钉）　4—风扇铭牌　5—网栅

3.7　KPC 的 X961、X962 接口的电路连接

KPC 的 X961、X962 接口的电路连接如图 3-14 所示。

KPC 的 X961 接口提供工作电源。控制柜控制单元 CCU 的 X4 接口的 1、2 引脚提供直流 27V 的工作电源，经过端子 X4.1 连接 X961 的 1、2 端子。控制柜控制单元 CCU 上有编号为 F4.1、规格 10A 的熔丝起保护作用。

KPC 的 X962 接口控制计算机风扇（风扇编号 E3）。通过控制柜控制单元 CCU 的 X4 接口的 3、2 引脚提供直流电源，X4 的引脚 3 接 27V，X4 的引脚 2 接 0V。X4 的引脚 4 为风扇转速反馈信号。CCU 上有编号为 F4.2、规格 2A 的熔丝起保护作用。

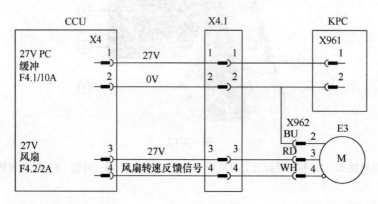

图 3-14

3.8   KPC 的 LED 指示灯

主板的 DualNIC 双工网卡 LED 指示灯位置如图 3-15 所示，含义见表 3-5。

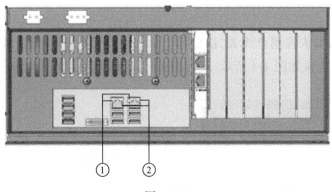

图   3-15

表   3-5

序号	名称	颜色	说明
1	活动 / 连接	绿色	指示灯关闭，没有连接
			指示灯常绿，连接
			指示灯闪烁，连接激活
2	速度	黄色 / 绿色	指示灯关闭，网速 10Mbit/s
			指示灯绿色，网速 100Mbit/s
			指示灯黄色，网速 1000Mbit/s

第4章 KUKA 工业机器人控制总线 KCB

KUKA 工业机器人控制总线 KCB 是基于 EtherCAT 的驱动总线，循环时间为 125μs，具有 FSOE 功能，连接如图 4-1 所示，包含的元件名称见表 4-1。

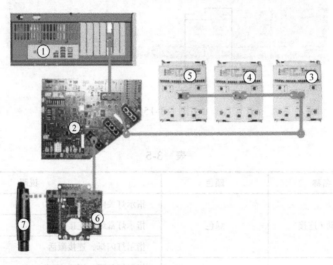

图　4-1

表　4-1

序号	名称	序号	名称
1	KUKA 工业机器人计算机组件 KPC	5	KUKA 工业机器人伺服包 KSP A1 ～ 3
2	控制柜控制单元 CCU	6	旋转变压器数字转换器 RDC
3	KUKA 工业机器人电源包 KPP	7	电子校准装置 EMD
4	KUKA 工业机器人伺服包 KSP A4 ～ 6	—	—

4.1 KUKA 工业机器人控制总线 KCB 的连接

4.1.1 KUKA 工业机器人控制总线 KCB 的连接概图

KUKA 工业机器人控制总线 KCB 的连接概图如图 4-2 所示。

KUKA 工业机器人计算机组件 KPC 的 KCB 接口连接控制柜控制单元 CCU 的 X31 接口，CCU 的 X32 接口连接 KUKA 工业机器人电源包 KPP 的 X21 接口，KPP 的 X20 接口连接 KUKA 工业机器人伺服包 KSP 的 X21 的接口，依次连接，实现主机 KPC 与驱动器之间的通信。

CCU 的 X34 接口连接到机器人控制柜底部的 X21 接口，传输旋转变压器数字转换器 RDC 和电子数据存储器 EDS 的信号。

KUKA 工业机器人控制总线 KCB 是非常重要的一条总线，实现 KUKA 工业机器人计算机组件 KPC 对驱动器和伺服电动机的闭环控制。

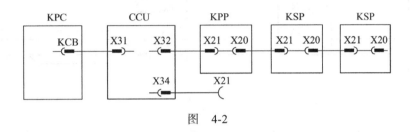

图 4-2

4.1.2 KUKA 工业机器人控制总线 KCB 的连接电路图

KUKA 工业机器人控制总线 KCB 接口通过 1、2、3、6 端子进行通信，如图 4-3 所示。

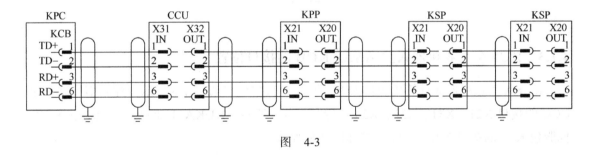

图 4-3

控制柜控制单元 CCU 的 X34 接口的连接电路图如图 4-4 所示。

控制柜控制单元 CCU 的 X34 接口连接到机器人控制柜底部的 X21 接口，经过电缆连接到机器人本体的 X31 接口，再连接到旋转变压器数字转换器 RDC 的 X18 接口，实现 CCU 与 RDC 的通信。

CCU 的 X21 接口的 1、2 端子为 24V 电源输出接口，GND 为 0V，连接到旋转变压器数字转换器 RDC 的 X15 接口，为 RDC 提供电源。编号为 F21、电流 3A 的熔丝为 RDC 的电源提供保护。

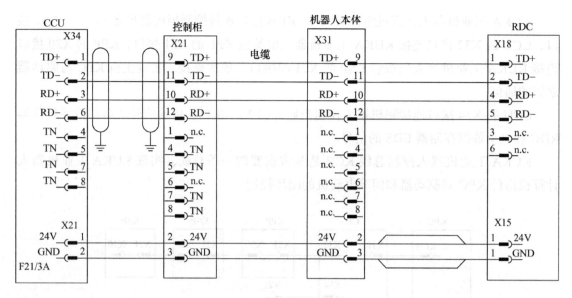

图 4-4

图 4-4 中控制柜底部的 X21 接口与机器人本体 X31 接口连接的电缆如图 4-5 所示。

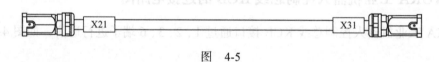

图 4-5

4.1.3 KUKA 工业机器人控制总线 KCB 的接口位置

KUKA 工业机器人计算机组件 KPC 的 KCB 接口位置如图 4-6 所示。控制柜控制单元 CCU 的接口 X21、X31、X32、X34 位置如图 4-7 所示。KUKA 工业机器人电源包 KPP、伺服包 KSP 的接口 X20、X21 位置如图 4-8 所示。

图 4-6

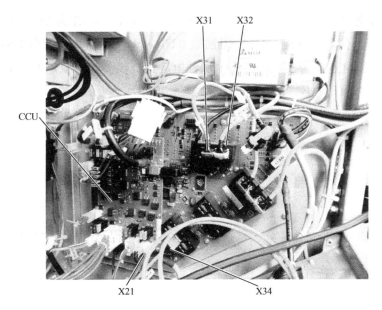

图　4-7

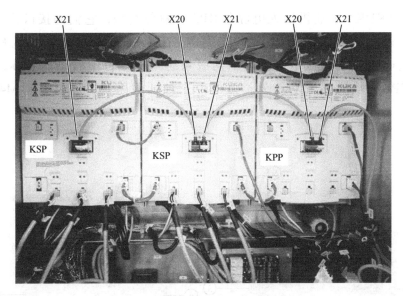

图　4-8

4.2　KUKA 工业机器人电源包 KPP

4.2.1　KUKA 工业机器人电源包 KPP 的作用和接口位置

KUKA 工业机器人电源包 KPP 是驱动电源，三相交流电源 L1、L2、L3 经过晶闸管整流桥①生成直流600V电源，+UG为直流电源的+600V，−UG为0V。直流电源给内置KUKA工业机器人伺服包KSP和外置附加轴KUKA工业机器人伺服包KSP供电。②为逆变电路，将直流电逆变为交流电，给附加轴电动机提供三相交流电源，Mx表示附加轴电动机三相交流电Mx、My、Mz中的一相电源，如图4-9所示。

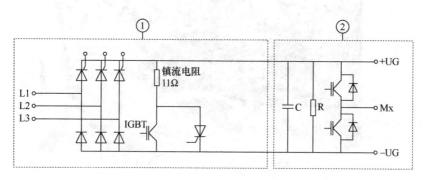

图 4-9

KR C4的KUKA工业机器人电源包KPP有两种类型，它们的接口位置如图4-10所示，接口说明见表4-2。图4-10中左侧的KUKA工业机器人电源包KPP的作用只是将交流电整流成直流电，不带轴伺服系统。图4-10中右侧的KUKA工业机器人电源包KPP模块除整流功能外，另外带三轴伺服系统，可以驱动M4、M5、M6电动机。

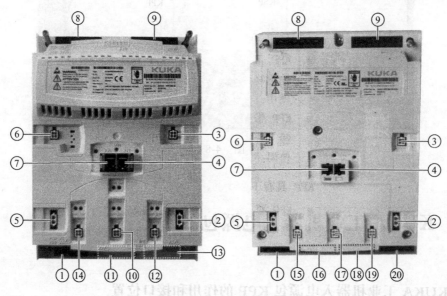

图 4-10

表 4-2

序号	名称	说明	序号	名称	说明
1	X4	三相交流电源输入	11	X2	电动机接口：轴7
2	X34	制动供电输入	12	X33	制动器接口：轴8
3	X11	控制电子装置供电输入	13	X3	电动机接口：轴8
4	X21	驱动总线输入	14	X31	未使用
5	X30	制动供电输出	15	X31	制动器接口：轴4
6	X10	控制电子装置供电输出	16	X1	电动机接口：轴4
7	X20	驱动总线输出	17	X32	制动器接口：轴5
8	X7	镇流电阻	18	X2	电动机接口：轴5
9	X6	直流中间回路输出	19	X33	制动器接口：轴6
10	X32	制动器接口：轴7	20	X3	电动机接口：轴6

4.2.2 KUKA 工业机器人电源包 KPP 的电路连接

KPP 电路带三轴伺服系统如图 4-11 所示。

1）由控制柜控制单元 CCU 的 X4 接口 1、2 端子输出 27V 直流电源，输入 KUKA 工业机器人电源包 KPP 的 X11 接口 2、4 端子，作为 KPP 的工作电源。对应的熔丝编号 F4.1、电流 10A 起保护作用。

2）三相交流电源 L1、L2、L3 输入 KPP 的 X4 接口，整流出直流电，从 KPP 的 X6 接口输出，1、2 端子（L+/+UG）为 +600V，3、4 端子（L−/−UG）为 0V，作为直流中间回路，将电源输送给 KUKA 工业机器人伺服包 KSP。

3）伺服电动机的制动器抱闸电源由 CCU 的 X3 接口 3、6 及 2、5 端子输出，经过制动滤波器 K2 输入 KPP 的 X34 接口。对应的熔丝编号 F3.1、电流 15A 起保护作用。

4）KPP 的 X1 接口 1、2、3 端子给 4 轴电动机 M4 提供三相动力电源，X31 的 1、4 端子提供 4 轴电动机制动器抱闸电源。

5）KPP 的 X2 接口 1、2、3 端子给 5 轴电动机 M5 提供三相动力电源，X32 的 2、4 端子提供 5 轴电动机制动器抱闸电源。

6）KPP 的 X3 接口 1、2、3 端子给 6 轴电动机 M6 提供三相动力电源，X33 的 3、4 端子提供 6 轴电动机制动器抱闸电源。

7）X7 接口的 2、3 端子连接镇流电阻 R1，1、4 端子连接镇流电阻 R2，R1、R2 为两个 22Ω 的电阻，并联后的实际总阻值为 11Ω。

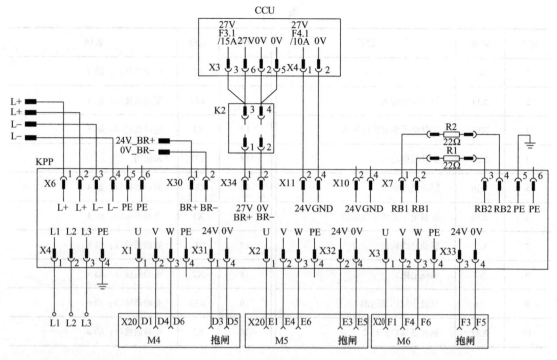

图 4-11

KPP 电路不带轴伺服系统如图 4-12 所示。

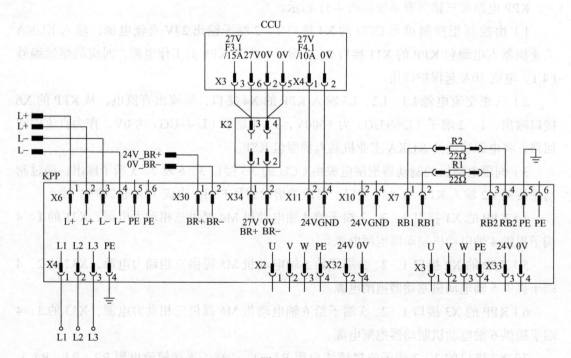

图 4-12

8）镇流电阻 R1、R2 用于将制动过程中产生的中间回路电压放电，如图 4-13 所示。图 4-13 中的①为镇流电阻，由两个 22Ω 的电阻并联，实际总阻值为 11Ω。②是温度传感器 R10，连接控制柜控制单元 CCU 的 X30 接口，如图 4-14 所示。温度传感器 R10 的电路连接如图 4-15 所示。

图　4-13

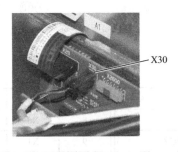

图　4-14

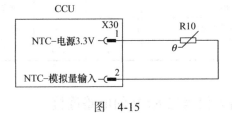

图　4-15

4.3　KUKA 工业机器人伺服包 KSP

4.3.1　KUKA 工业机器人伺服包 KSP 的作用和接口位置

KUKA 工业机器人伺服包 KSP 是机械臂的驱动器。KSP 将 KPP 整流输出的直流 600V 电源逆变成交流电，驱动伺服电动机旋转，伺服电动机带动机器人各关节运动。两种类型的 KUKA 工业机器人伺服包 KSP 的接口位置如图 4-16 所示，接口说明见表 4-3。

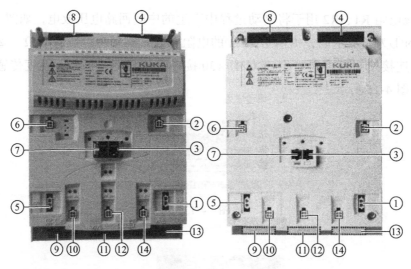

图 4-16

表 4-3

序号	名称	说明	序号	名称	说明
1	X34	制动供电输入	8	X5	直流中间回路输出
2	X11	控制电子装置供电输入	9	X1	电动机接口1
3	X21	驱动总线输入	10	X31	制动器接口1
4	X6	直流中间回路输入	11	X2	电动机接口2
5	X30	制动供电输出	12	X32	制动器接口2
6	X10	控制电子装置供电输出	13	X3	电动机接口3
7	X20	驱动总线输出	14	X33	制动器接口3

4.3.2 KUKA 工业机器人伺服包 KSP 的电路连接

KUKA 工业机器人伺服包 KSP 的电路如图 4-17 所示。

1）控制柜控制单元 CCU 的 X3 接口输出 27V 电源，输入 KUKA 工业机器人伺服包 KSP 的 X11 接口，作为 KSP 的工作电源。对应的熔丝编号 F3.2、电流 7.5A 起保护作用。

2）直流电源 L+、L− 从 KPP 的 X6 接口输出，输入 KSP 的 X6 接口，由 KSP 逆变成交流电，驱动电动机 M1、M2、M3 运动。

3）伺服电动机的制动器抱闸电源由 KPP 的 X30 接口输出，输入 KSP 的 X34 接口。

4）KSP 的 X1 接口连接控制柜底部 X20 接口的 A1、A2、A3 端子，提供电动机 M1 的三相动力电源。KSP 的 X31 接口连接控制柜底部 X20 接口的 A11、A12 端子，提供电动机 M1 的制动器抱闸线圈电源。

5）KSP 的 X2 接口连接控制柜底部 X20 接口的 B1、B2、B3 端子，提供电动机 M2 的三相动力电源。KSP 的 X32 接口连接控制柜底部 X20 接口的 B11、B12 端子，提供电动机 M2 的制动器抱闸线圈电源。

6）KSP 的 X3 接口连接控制柜底部 X20 接口的 C1、C2、C3 端子，提供电动机 M3 的三相动力电源。KSP 的 X31 接口连接控制柜底部 X20 接口的 C11、C12 端子，提供电动机 M3 的制动器抱闸线圈电源。

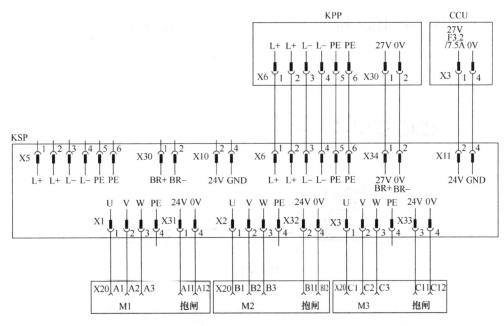

图 4-17

4.4 KUKA 工业机器人电源包 KPP 和伺服包 KSP 的连接接口位置

KUKA 工业机器人电源包 KPP 的 X6、X30 接口，伺服包 KSP 的 X6、X34 接口如图 4-18 所示。

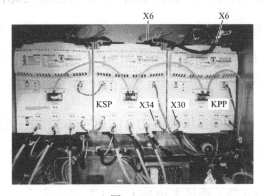

图 4-18

4.5 KUKA 工业机器人标准控制柜底部 X20 的连接

4.5.1 KUKA 工业机器人标准控制柜底部 X20 的连接概图

控制柜的 X20 接口连接工业机器人本体的 X30 接口，如图 4-19 所示。X20、X30 的电缆接口如图 4-20 所示。

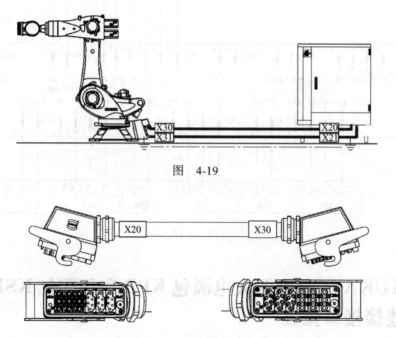

图 4-19

图 4-20

4.5.2 KUKA 工业机器人标准控制柜底部 X20 的连接电路图

KUKA 工业机器人标准控制柜底部 X20 连接电路图如图 4-21 所示。

1）X20 的 a1、a2、a3 端子连接 X30 的 A1、A2、A3 端子，分别作为 1 轴电动机 M1 的 U1、V1、W1 动力线。X20 的 a11、a12 端子连接 X30 的 A11、A12 端子，提供 1 轴电动机制动器线圈电源。

2）X20 的 b1、b2、b3 端子连接 X30 的 B1、B2、B3 端子，分别作为 2 轴电动机 M2 的 U1、V1、W1 动力线。X20 的 b11、b12 端子连接 X30 的 B11、B12 端子，提供 2 轴电动机制动器线圈电源。

3）X20 的 c1、c2、c3 端子连接 X30 的 C1、C2、C3 端子，分别作为 3 轴电动机 M3

的U1、V1、W1动力线。X20的c11、c12端子连接X30的C11、C12端子，提供3轴电动机制动器线圈电源。

4）X20的d1、d4、d6端子连接X30的D1、D4、D6端子，分别作为4轴电动机M4的U1、V1、W1动力线。X20的d3、d5端子连接X30的D3、D5端子，提供4轴电动机制动器线圈电源。

5）X20的e1、e4、e6端子连接X30的E1、E4、E6端子，分别作为5轴电动机M5的U1、V1、W1动力线。X20的e3、e5端子连接X30的E3、E5端子，提供5轴电动机制动器线圈电源。

6）X20的f1、f4、f6端子连接X30的F1、F4、F6端子，分别作为6轴电动机M6的U1、V1、W1动力线。X20的f3、f5端子连接X30的F3、F5端子，提供6轴电动机制动器线圈电源。

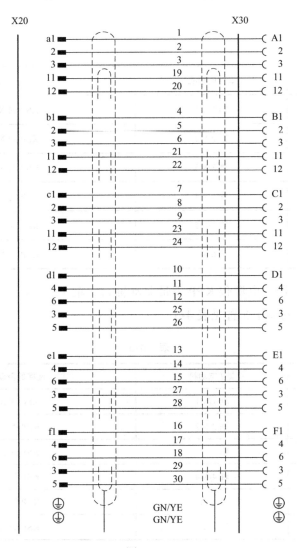

图 4-21

接口 X20 的位置及端子连接如图 4-22 所示。

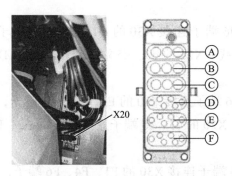

图 4-22

当由 KUKA 工业机器人电源包 KPP 驱动轴 4 ～ 6 的电动机 M4 ～ M6 时，X20 接口的端子布置见表 4-4。

表 4-4

接口 X20	轴 / 电动机	连接的驱动器接口
A (a)	轴 1/M1	KSP 的 X1/X31
B (b)	轴 2/M2	KSP 的 X2/X32
C (c)	轴 3/M3	KSP 的 X3/X33
D (d)	轴 4/M4	KPP 的 X1/X31
E (e)	轴 5/M5	KPP 的 X2/X32
F (f)	轴 6/M6	KPP 的 X3/X33

当 KUKA 工业机器人电源包 KPP 不带驱动轴时，轴 1 ～ 6 的电动机 M1 ～ M6 均由 KSP 驱动，X20 接口的端子布置见表 4-5。

表 4-5

接口 X20	轴 / 电动机	连接的驱动器接口
A (a)	轴 1/M1	KSP 的 X1/X31
B (b)	轴 2/M2	KSP 的 X2/X32
C (c)	轴 3/M3	KSP 的 X3/X33
D (d)	轴 4/M4	KSP 的 X1/X31
E (e)	轴 5/M5	KSP 的 X2/X32
F (f)	轴 6/M6	KSP 的 X3/X33

4.6　旋转变压器数字转换器 RDC

4.6.1　旋转变压器数字转换器 RDC 的作用和接口位置

旋转变压器数字转换器 RDC 的作用是将伺服电动机旋转变压器输出的模拟数值转换成数字信号。

RDC 的工作任务如下：

1）生成所需的旋转变压器激励电压用于 8 个轴。

2）借助安全技术分解器（SIL2）采集 8 个电动机的位置数据。

3）采集 8 个电动机的工作温度。

4）采集 RDC 的温度。

5）与机器人控制器进行通信。

6）监控旋转变压器的线路是否中断。

7）评估电子控制装置（Electronic Mastering Device，EMD）。

8）将数据保存于电子数据存储器（Electronic Data Storage，EDS）。

RDC 的接口位置如图 4-23 所示，说明见表 4-6。

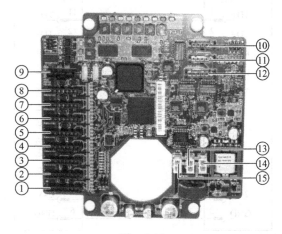

图　4-23

表　4-6

序号	名称	说明	序号	名称	说明
1～8	X1～X8	轴 1～8 的旋转变压器接口	12	X18	KUKA 工业机器人控制器总线输入接口 KCB IN
9	X13	RDC 存储卡的 EDS 接口	13	X17	EMD 供电电源
10	X20	电子控制装置 EMD	14	X15	供电电源输入
11	X19	KUKA 工业机器人控制器总线输出接口 KCB OUT	15	X16	电源输出（下一 KCB 用户）

4.6.2　旋转变压器数字转换器RDC的连接电路图

1）旋转变压器数字转换器 RDC 的 X18、X15 接口与控制柜控制单元 CCU 的连接如图 4-4 所示。

2）旋转变压器数字转换器 RDC 的 X16 接口与 X15 接口连接，作为电源的输出口，如图 4-24 所示。

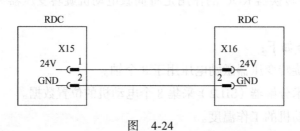

图　4-24

3）旋转变压器数字转换器 RDC 的 X17 接口给电子控制装置 EMD 提供电源，X20 接口连接 RDC 盒的 X32 接口，X32 接口连接电子控制装置 EMD，实现 RDC 和 EMD 的通信，如图 4-25 所示。

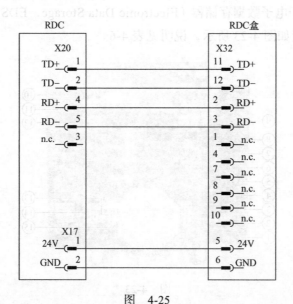

图　4-25

4）旋转变压器数字转换器 RDC 的 X19 接口可以与下一个 RDC 的 X18 接口相连，实现 RDC 之间的通信，如图 4-26 所示。

5）轴 1 ～ 8 的伺服电动机 M1 ～ M8 的旋转变压器反馈信号通过旋转变压器反馈线接头，连接到 RDC 的 X1 ～ X8 接口，作为伺服电动机旋转速度、位置的反馈信号，电路图及 RDC 接口如图 4-27 所示。

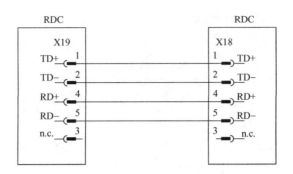

图　4-26

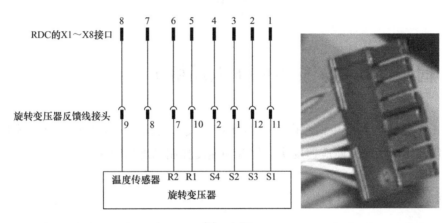

图　4-27

4.6.3　旋转变压器数字转换器RDC及接口位置

旋转变压器数字转换器RDC嵌装在RDC盒内，整体固定在机器人的支脚或转台上，具体固定位置视机器人类型而定，如图4-28中的箭头所示。RDC盒外部连接的X31、X32接口及内部结构如图4-29所示。

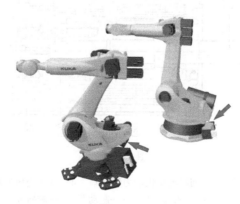

图　4-28

图 4-29

4.7 伺服电动机（交流同步电动机）

KUKA工业机器人使用伺服电动机驱动各个关节运动。伺服电动机具有体积小、重量轻、恒定转矩范围宽、响应速度快、位置和速度控制精度高等优点。

4.7.1 伺服电动机的结构

伺服电动机的定子采用星型结构的线圈，转子安装永久磁铁，伺服电动机尾部带有旋转变压器，用来检测电动机的旋转速度和方向。伺服电动机带有制动器抱闸装置。

伺服电动机的剖面图如图4-30所示。

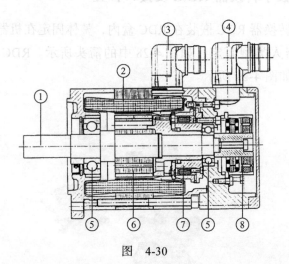

图 4-30

1—电动机转轴 2—定子线圈 3—伺服电动机动力线接口 4—旋转变压器反馈线接口 5—滚珠轴承
6—转子内嵌的永久磁铁 7—制动器 8—旋转变压器

4.7.2　伺服电动机的电路图

伺服电动机的外观如图 4-31 所示，电路图如图 4-32 所示。XM 是伺服电动机动力线接口，XP 是旋转变压器反馈信号接口。

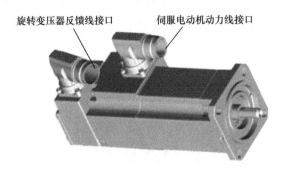

图　4-31

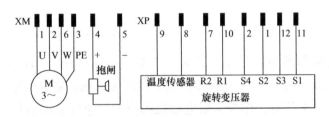

图　4-32

伺服电动机的动力线接头 XM 如图 4-33 所示。针脚 1、2、6 对应定子三相绕组的 U、V、W，针脚 3 接地。针脚 4、5 对应制动器抱闸线圈，电动机正常旋转时，需要给制动器抱闸线圈提供电源，制动器抱闸松开，电动机自由旋转。

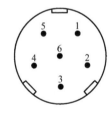

图　4-33

动力线接口 XM 各针脚之间的电阻值见表 4-7。

表　4-7

针脚—针脚	电阻值	备注
1—2	0.17～14Ω	线圈 U—V
1—6	0.17～14Ω	线圈 U—W
2—6	0.17～14Ω	线圈 V—W
4—5	24～80Ω	制动器 +，制动器 −
3	—	接地

4.7.3 旋转变压器的电路图

旋转变压器（又叫分解器）的结构如图4-34所示。通过针脚10、7给旋转变压器⑤输入频率为8kHz的励磁电源信号，旋转变压器⑤与转子线圈④发生电磁感应，转子线圈④获得励磁信号。定子上的正弦和余弦线圈③与转子线圈④发生电磁感应，通过针脚1、2和针脚11、12输出与转子位置和速度相关的电压。

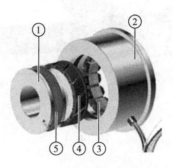

图 4-34

1—转子 2—定子 3—正弦和余弦线圈 4—转子线圈 5—旋转变压器

旋转变压器连接如图4-32所示，接头如图4-35所示。10、7针脚连接旋转变压器的转子线圈的励磁电源信号。1、2针脚连接定子线圈（正弦）输出信号，11、12针脚连接定子线圈（余弦）输出信号，作为伺服电动机的位置、速度反馈信号。8、9针脚连接伺服电动机的温度传感器信号，检测电动机的温度。接头针脚之间的电阻值见表4-8。

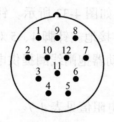

图 4-35

表 4-8

针脚—针脚	电阻值	备注
1—2	30～200Ω	定子线圈（正弦）
11—12	30～200Ω	定子线圈（余弦）
10—7	5～100Ω	转子线圈
8—9	25℃时，588Ω；100℃时，1000Ω	温度传感器KTY

4.8　KUKA 工业机器人伺服电动机的连接电路图

4.8.1　KUKA 工业机器人轴 1 电动机 M1 的连接

图 4-17 所示的 KUKA 工业机器人伺服包 KSP 的 X1 接口端子 1、2、3 连接控制柜底部的 X20 端子 A1/a1、A2/a2、A3/a3，通过机器人本体的 X30 接口连接 M1 电动机 U、V、W 绕组，给伺服电动机提供电源。KSP 的 X31 接口端子 1、4 连接控制柜底部的 X20 端子 A11/a11、A12/a12，通过机器人本体的 X30 接口提供制动器抱闸线圈电源。M1 电动机的旋转变压器信号连接到 RDC 的 X1 接口，如图 4-36 所示。

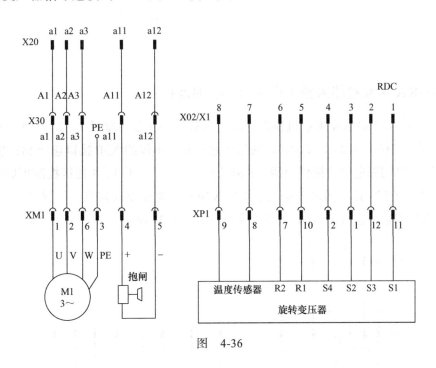

图　4-36

4.8.2　KUKA 工业机器人轴 2 电动机 M2 的连接

图 4-17 所示的 KUKA 工业机器人伺服包 KSP 的 X2 接口端子 1、2、3 连接控制柜底部的 X20 端子 B1/b1、B2/b2、B3/b3，通过机器人本体的 X30 接口连接 M2 电动机 U、V、W 绕组，给伺服电动机提供电源。KSP 的 X32 接口端子 2、4 连接控制柜底部的 X20 端子 B11/b11、B12/b12，通过机器人本体的 X30 接口提供制动器抱闸线圈电源。M2 电动机的旋转变压器信号连接到 RDC 的 X2 接口，如图 4-37 所示。

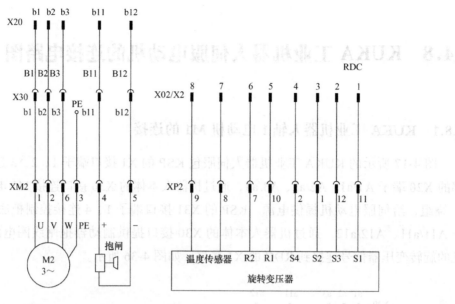

图 4-37

4.8.3 KUKA 工业机器人轴 3 电动机 M3 的连接

图 4-17 所示的 KUKA 工业机器人伺服包 KSP 的 X3 接口端子 1、2、3 连接控制柜底部的 X20 端子 C1/c1、C2/c2、C3/c3，通过工业机器人本体的 X30 接口连接 M3 电动机 U、V、W 绕组，给伺服电动机提供电源。KSP 的 X33 接口端子 3、4 连接控制柜底部的 X20 端子 C11/c11、C12/c12，通过机器人本体的 X30 接口提供制动器抱闸线圈电源。M3 电动机的旋转变压器信号连接到 RDC 的 X3 接口，如图 4-38 所示。

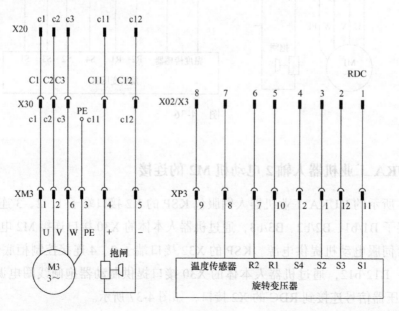

图 4-38

4.8.4　KUKA 工业机器人轴 4 电动机 M4 的连接

图 4-11 所示的 KUKA 工业机器人电源包 KPP 的 X1 接口端子 1、2、3 连接控制柜底部的 X20 端子 D1/d1、D4/d4、D6/d6，通过机器人本体的 X30 接口连接 M4 电动机 U、V、W 绕组，给伺服电动机提供电源。KPP 的 X31 接口端子 1、4 连接控制柜底部的 X20 端子 D3/d3、D5/d5，通过工业机器人本体的 X30 接口提供制动器抱闸线圈电源。M4 电动机的旋转变压器信号连接到 RDC 的 X4 接口，如图 4-39 所示。

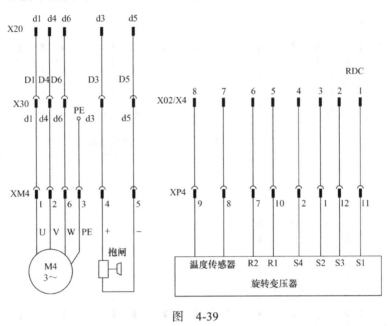

图　4-39

4.8.5　KUKA 工业机器人轴 5 电动机 M5 的连接

图 4-11 所示的 KUKA 工业机器人电源包 KPP 的 X2 接口端子 1、2、3 连接控制柜底部的 X20 端子 E1/e1、E4/e4、E6/e6，通过工业机器人本体的 X30 接口连接 M5 电动机 U、V、W 绕组，给伺服电动机提供电源。KPP 的 X32 接口端子 2、4 连接控制柜底部的 X20 端子 E3/e3、E5/e5，通过机器人本体的 X30 接口提供制动器抱闸线圈电源。M5 电动机的旋转变压器信号连接到 RDC 的 X5 接口，如图 4-40 所示。

4.8.6　KUKA 工业机器人轴 6 电动机 M6 的连接

图 4-11 所示的 KUKA 工业机器人电源包 KPP 的 X3 接口端子 1、2、3 连接控制柜底部的 X20 端子 F1/f1、F4/f4、F6/f6，通过工业机器人本体的 X30 接口连接 M6 电动机 U、V、W 绕组，给伺服电动机提供电源。KPP 的 X33 接口端子 3、4 连接控制柜底部的 X20 端子 F3/f3、F5/f5，通过机器人本体的 X30 接口提供制动器抱闸线圈电源。M6 电动机的旋转变压器信号连接到 RDC 的 X6 接口，如图 4-41 所示。

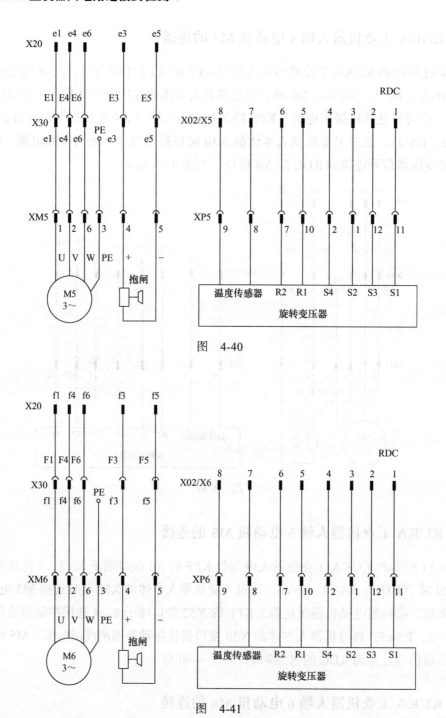

图 4-40

图 4-41

4.8.7 旋转变压器数字转换器 RDC 的 X1 ~ X8 信号

工业机器人本体的伺服电动机旋转变压器接头插入 RDC 的接口 X1 ~ X8 中。X1 ~ X8 插头如图 4-42 所示。X1 ~ X8 插头信号见表 4-9。

RDC的接口X1~X8插头

图　4-42

表　4-9

针脚	配置	电阻值
1（蓝色）	定子线圈2	1—2 针脚之间电阻值为 30 ~ 200Ω
2	定子线圈2	
3	定子线圈1	3—4 针脚之间电阻值为 30 ~ 200Ω
4	定子线圈1	
5	转子	5—6 针脚之间电阻值为 5 ~ 100Ω
6	转子	
7	温度传感器 KTY（热敏电阻）	7—8 针脚之间电阻值：25℃时，588Ω；100℃时，1000Ω
8（褐色）	温度传感器 KTY（热敏电阻）	

4.9　电子数据存储器 EDS

电子数据存储器用于保存机器人和配电箱的专业数据。KR C4 内设有两个电子数据存储器，一个与旋转变压器数字转换器 RDC 连接，另一个与控制柜控制单元 CCU 连接，如图 4-43 所示。

图　4-43

4.9.1 与旋转变压器数字转换器 RDC 连接的 EDS（RDC-EDS）

RDC-EDS 用于保存机器人和控制柜所属的且在更换过程中需予以保留的数据。其中一块芯片可常常被写入，包含工时计数器、绝对位置、旋转变压器位置、补偿数据（偏差、对称）等数据。第二块芯片很少可写入，包含保养手册、PID 文件（高精度机器人）、MAM 文件（校准标记槽偏差）、CAL 文件（校准数据）、Robinfo 文件（机器人编号、机器人名称）、KLI 基本数据（工业以太网命名）、SAFEOP 文件（仅限于与选项 SafeOperation 的配合）、存档信息（客户档案路径）等数据，如图 4-44 所示。

4.9.2 与控制柜控制单元 CCU 连接的 EDS（CCU-EDS）

CCU-EDS 用于保存电子型号铭牌、所有安全装置的序列号和从地址，与控制柜控制单元 CCU 的 X29 接口相连，如图 4-45 所示。

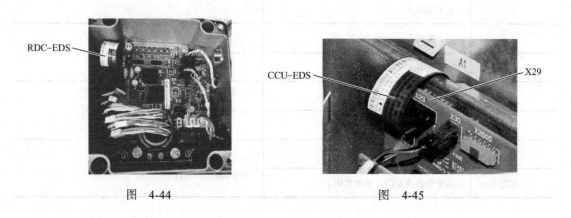

图 4-44　　　　　　　　　　　　　图 4-45

电路图如图 4-46 所示，信号名称及说明见表 4-10。

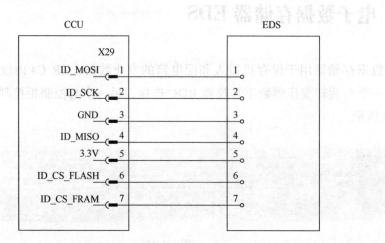

图 4-46

表　4-10

序号	名称	说明
1	ID_MOSI	数据线（主机输出，从机输入）
2	ID_SCK	时钟信号
3	GND	0V 接地
4	ID_MISO	数据线（主机输入，从机输出）
5	3.3V	3.3V 电源
6	ID_CS_FLASH	FLASH（闪存）片选信号
7	ID_CS_FRAM	FRAM（铁电随机存储器）片选信号

4.10　电子校准装置 EMD

电子校准装置 EMD 用于机器人的校准。EMD 属于一个 EtherCAT 总线用户，EMD 插接在旋转变压器数字转换器 RDC 盒的 X32 接口上，如图 4-47 所示。电子校准装置 EMD 的校准步骤如图 4-48 所示。

接到RDC盒的X32接口

图　4-47

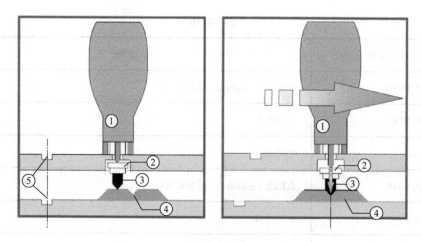

图 4-48

4.11 KUKA 工业机器人电源包 KPP 的 LED 诊断

KUKA 工业机器人电源包 KPP 的 LED 位置如图 4-49 所示。

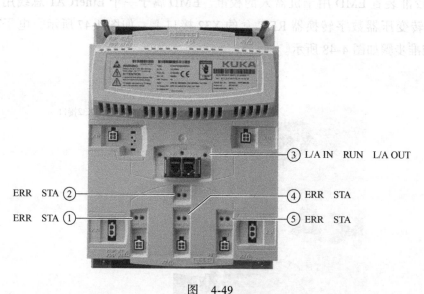

图 4-49

序号①为 KPP 供电 LED 组，有两个 LED 指示灯，左侧标记为 ERR，右侧标记为 STA，含义见表 4-11。

表 4-11

红色 LED (ERR)	绿色 LED (STA)	含义
关闭	关闭	控制电子装置断电
亮起	关闭	供电故障
关闭	闪烁	中间回路电压在允许的范围外
关闭	亮起	中间回路电压在允许的范围内

序号②为 KPP 设备状态 LED 组，有两个 LED 指示灯，左侧标记为 ERR，右侧标记为 STA，含义见表 4-12。

表 4-12

红色 LED (ERR)	绿色 LED (STA)	含义
关闭	关闭	控制电子装置断电
亮起	关闭	KPP 故障
关闭	闪烁	与控制系统无通信
关闭	亮起	与控制系统有通信

序号③为驱动总线状态 LED 组，有三个 LED 指示灯，左侧标记为 L/A IN，中间标记为 RUN，右侧标记为 L/A OUT，状态及含义见表 4-13。

表 4-13

LED	状态及含义
L/A IN	熄灭 = 没有连接到 CCU (CIB) 亮起 = 连接到 CCU (CIB)，但是没有数据交换 快速有节奏地闪烁 = 连接到 CCU (CIB)，有数据交换
RUN	熄灭 = EtherCAT 控制器损坏或无电源电压 缓慢闪烁 = EtherCAT 控制器已初始化，但没有物理连接到 CCU (CIB) 快速闪烁 = EtherCAT 控制器已初始化，且与 CCU (CIB) 之间有物理连接，正在建立连接 亮起 = EtherCAT 控制器已初始化，已建立与 CCU (CIB) 的连接
L/A OUT	熄灭 = 没有连接到下游 KSP 亮起 = 物理连接到下游 KSP，但无数据交换 快速有节奏地闪烁 = 物理连接到下游 KSP，进行数据交换

序号④⑤为轴调节器 LED 组，有两个 LED 指示灯，左侧标记为 ERR，右侧标记为 STA，含义见表 4-14。

表 4-14

红色 LED (ERR)	绿色 LED (STA)	含义
关闭	关闭	控制电子装置断电轴不存在
亮起	关闭	轴有故障
关闭	闪烁	没有开通调节器
关闭	亮起	调节器开通

4.12 KUKA 工业机器人伺服包 KSP 的 LED 诊断

KUKA 工业机器人伺服包 KSP 的 LED 位置如图 4-50 所示。

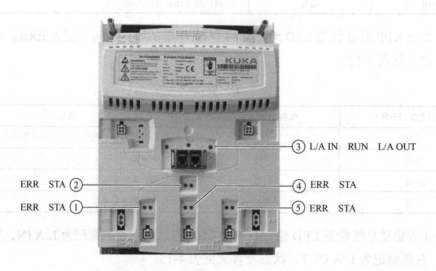

图 4-50

序号①④⑤为轴调节器 LED 组，有两个 LED 指示灯，左侧标记为 ERR，右侧标记为 STA，含义见表 4-15。

表 4-15

红色 LED（ERR）	绿色 LED（STA）	含义
关闭	关闭	控制电子装置断电轴不存在
亮起	关闭	轴有故障
关闭	闪烁	没有开通调节器
关闭	亮起	调节器开通

序号②为 KSP 设备状态 LED 组，有两个 LED 指示灯，左侧标记为 ERR，右侧标记为 STA，含义见表 4-16。

表 4-16

红色 LED（ERR）	绿色 LED（STA）	含义
关闭	关闭	控制电子装置断电
亮起	关闭	KSP 故障
关闭	闪烁	与控制系统无通信
关闭	亮起	与控制系统有通信

　　序号③为通信 LED 组，有三个 LED 指示灯，左侧标记为 L/A IN，中间标记为 RUN，右侧标记为 L/A OUT，状态及含义见表 4-17。

表　4-17

LED	状态及含义
L/A IN	熄灭 = 与上游模块（KSP 或 KPP）之间无连接 亮起 = 与上游模块（KSP 或 KPP）之间有物理连接，但是没有数据交换 快速有节奏地闪烁 = 与上游模块（KSP 或 KPP）之间有物理连接，有数据交换
RUN	熄灭 = EtherCAT 控制器损坏或无电源电压 缓慢闪烁 = EtherCAT 控制器已初始化，但与上游模块（KSP 或 KPP）之间没有物理连接 快速闪烁 = EtherCAT 控制器已初始化，与上游模块（KSP 或 KPP）之间有物理连接，正在建立连接 亮起 = EtherCAT 控制器已初始化，与上游模块（KSP 或 KPP）之间的连接已建立
L/A OUT	熄灭 = 没有连接到下游 KSP 亮起 = 物理连接到下游 KSP，但无数据交换 快速有节奏地闪烁 = 物理连接到下游 KSP，进行数据交换

　　其他故障见表 4-18。

表　4-18

序号	故障含义
1	如果在初始化阶段出现故障，中间的轴调节器 LED 闪烁，所有其他 LED 指示灯熄灭 轴调节器的红色 LED 长亮而且轴调节器的绿色 LED 以 2 ~ 16Hz 的频率闪烁，随后长时间停歇
2	如果在初始化阶段检测到一个固件损坏，设备状态红色 LED 亮起而设备状态绿色 LED 变暗

4.13　旋转变压器数字转换器 RDC 的 LED 诊断

　　旋转变压器数字转换器 RDC 的 LED 位置如图 4-51 所示，含义见表 4-19。

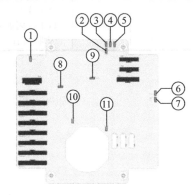

图　4-51

表 4-19

序号	名称	颜色	说明
1	微控制器的电动机温度	黄色	灭＝故障 以 1Hz 闪烁＝状态正常 闪烁＝错误代码（内部）
2	EtherCAT 总线运行	绿色	关＝初始化 接通＝状态正常 以 2.5Hz 闪烁＝试运转 单一信号＝安全运转 闪烁＝错误代码（内部） 以 10Hz 闪烁＝启动
3	KCB 输入端（X18）	绿色	灭＝无物理连接，网线未插好 打开＝网线已插入 闪烁＝线路上数据交换
4	KCB 输出端（X19）	绿色	灭＝无物理连接，网线未插好 打开＝网线已插入 闪烁＝线路上数据交换
5	连接 EMD 的 KCB 输出端（X20）	绿色	灭＝无物理连接，网线未插好 打开＝网线已插入 闪烁＝线路上数据交换
6	VMT 微型控制器	黄色	灭＝故障 以 1Hz 闪烁＝状态正常 闪烁＝错误代码（内部）
7	RDC 电源	绿色	关＝无电压 开＝有供电电压
8	EtherCAT 连接的安全协议	绿色	灭＝未激活 亮＝功能就绪 闪烁＝错误代码（内部）
9	FPGA B 集成电路	黄色	灭＝故障 以 1Hz 闪烁＝状态正常 闪烁＝错误代码（内部）
10	FPGA A 集成电路	黄色	灭＝故障 以 1Hz 闪烁＝状态正常 闪烁＝错误代码（内部）
11	配置微控制器	黄色	灭＝故障 以 1Hz 闪烁＝状态正常 闪烁＝错误代码（内部）

第5章 KUKA 工业机器人系统总线 KSB

KUKA 工业机器人系统总线 KSB 是基于 EtherCAT 的驱动总线，循环时间为 1ms，具有 FSoE 功能。KUKA 工业机器人系统总线 KSB 包括 KUKA 工业机器人示教器 smartPAD、机器人组 RoboTeam、安全接口板（SIB）等。其中根据客户对接口的具体扩展需求，在机器人控制系统里可采用两种不同的安全接口板。一种是标准型安全接口板 SIB，对应接口 X11，作用是实现机器人安全（设备安全）；另一种是扩展型安全接口板 SIB ext，对应接口 X13，作用是安全操作（人员安全、功率范围受限）。两块接口板上下重叠旋接，连接如图 5-1 所示。

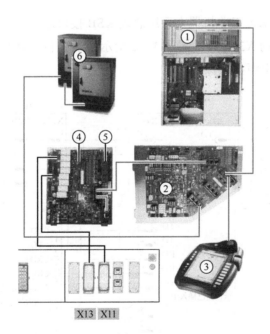

图　5-1

1—KUKA 工业机器人计算机组件 KPC　2—控制柜控制单元 CCU 的接口板 CIB
3—KUKA 工业机器人示教器 smartPAD　4—安全接口板 SIB　5—扩展型安全接口板 SIB ext
6—机器人组 RoboTeam

5.1　KUKA 工业机器人系统总线 KSB 的连接

5.1.1　KUKA 工业机器人系统总线 KSB 的连接概图

KUKA 工业机器人系统总线 KSB
的连接概图如图 5-2 所示。

KUKA 工业机器人计算机组件 KPC
的 KSB 接口连接控制柜控制单元 CCU
的 X41 接口，CCU 的 X42 接口连接示
教器的 X19 接口，CCU 的 X48 接口连
接安全接口板 SIB 的 X258 接口。KSB

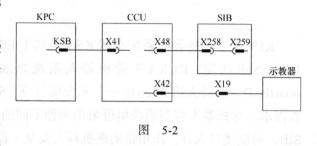

图　5-2

是非常重要的总线，用于实现 KPC 和 CCU、SIB、示教器之间的通信。

5.1.2　KUKA 工业机器人系统总线 KSB 的连接电路图

如图 5-3 所示，KUKA 工业机器人系统总线 KSB 接口通过端子 1、2、3、6 进行通信。
控制柜控制单元 CCU 的 X306 通过端子 1、2 给示教器提供工作电源，编号为 F306、电
流 2A 的熔丝为示教器电源提供保护。

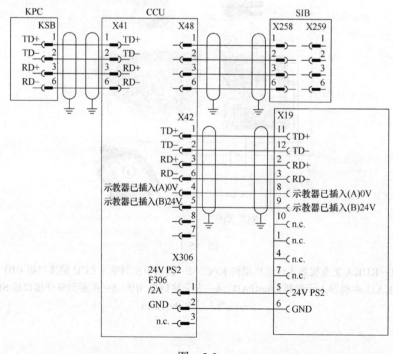

图　5-3

5.1.3　KUKA 工业机器人系统总线 KSB 的接口位置

KUKA 工业机器人计算机组件 KPC 的 KSB 接口位置如图 5-4 所示。控制柜控制单元 CCU 的接口 X41、X42、X48 如图 5-5 所示，安全接口板 SIB 的接口 X258 如图 5-6 所示，示教器 smartPAD 的接口 X19 如图 5-7 所示。

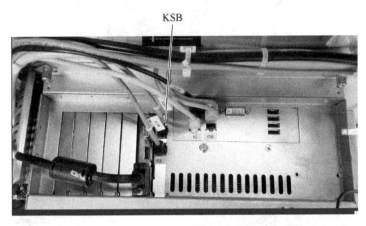

图　5-4

图　5-5

图 5-6

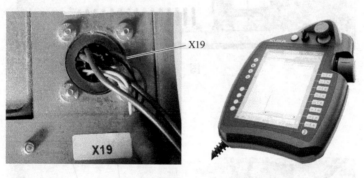

图 5-7

5.2 KUKA 工业机器人示教器 smartPAD

KUKA 工业机器人示教器 smartPAD 插接在机器人控制系统的接口 X19 上，KUKA smartPAD 拥有独立的 Windows CE 操作系统，控制系统与显示器通过远程桌面协议（Remote Desktop Protocol，RDP）衔接。KUKA smartPAD 可以热插拔，运行期间可以插接或拔除，如图 5-8 所示。

示教器的端子 5、6（见图 5-3）作为示教器工作电源输入端，端子 11、12、2、3、8、9 通过 CCU 的 X42 接口与 KUKA 工业机器人计算机组件 KPC 进行连接，实现通信和控制。

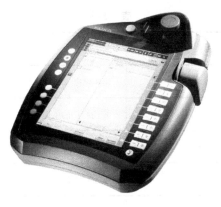

图　5-8

5.3　安全接口板 SIB

安全接口板 SIB 是客户安全接口的组成部分，与 KUKA 工业机器人系统总线 KSB 连接。标准安全接口板及接口如图 5-9 所示，标准安全接口板的接口位置如图 5-10 所示，接口的说明见表 5-1。

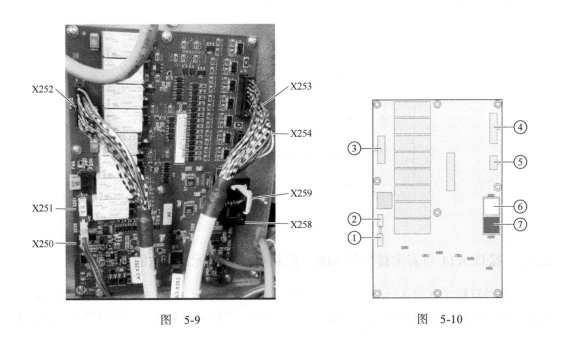

图　5-9　　　　　　　　　　　　　　　　　图　5-10

表 5-1

序号	插头	说明
1	X250	SIB 供电
2	X251	其他组件的供电
3	X252	安全输出端
4	X253	安全输入端
5	X254	安全输入端
6	X259	KUKA 工业机器人系统总线 KSB
7	X258	KUKA 工业机器人系统总线 KSB

5.3.1 安全接口板 SIB 电源电路图

控制柜控制单元 CCU 的 X302 接口端子 1、2 连接安全接口板 SIB 的 X250 接口端子 1、2，作为 SIB 工作电源的输入端，编号为 F302、电流 5A 的熔丝为电源提供保护。X251 作为其他组件的供电接口，如图 5-11 所示。

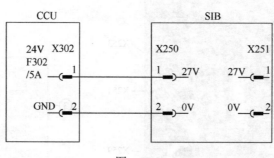

图 5-11

5.3.2 接口 X11 与安全接口板 SIB、控制柜控制单元 CCU 的连接概图

安全接口板 SIB 的 X253、X252 接口及控制柜控制单元 CCU 的 X311、X301、X6 接口连接到控制柜底部的 X11 接口，如图 5-12 所示。控制柜底部的 X11 接口位置如图 5-13 所示。

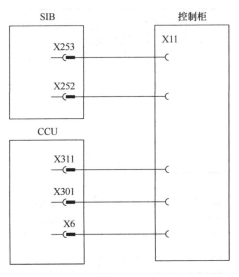

图　5-12

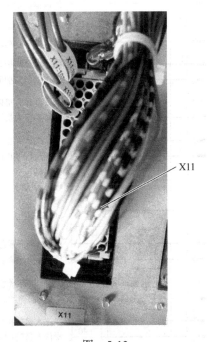

图　5-13

5.3.3　接口X11与安全接口板SIB、控制柜控制单元CCU的连接电路图

接口X11的端子及编号如图5-14所示,X11与安全接口板SIB的连接如图5-15所示,接口信号见表5-2。

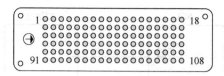

图 5-14

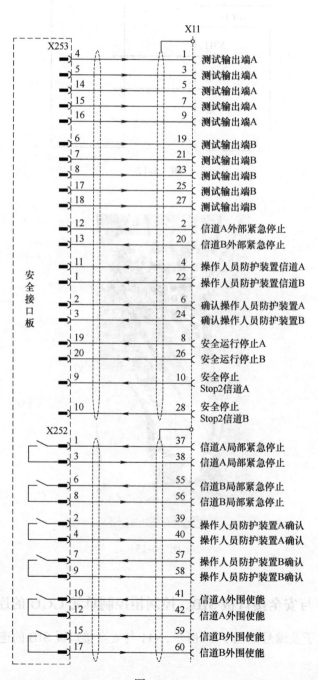

图 5-15

表 5-2

针脚	名称	说明
1	SIB 测试输出端 A	向信道 A 的每个接口输入端提供脉冲电压
3		
5		
7		
9		
19	SIB 测试输出端 B	向信道 B 的每个接口输入端提供脉冲电压
21		
23		
25		
27		
8	信道 A 安全运行停止	各轴的安全运行停止输入端,激活停机监控。超出停机监控范围时,导入停机 0
26	信道 B 安全运行停止	
10	安全停止 Stop2 信道 A	安全停止 Stop2(所有轴)输入端 各轴停机时,触发安全停止 Stop2 并激活停机监控。超出停机监控范围时,导入停机 0
28	安全停止 Stop2 信道 B	
37	信道 A 局部紧急停止	输出端,内部紧急停止的无电势触点 满足下列条件时,触点闭合: 1)示教器 smartPAD 上紧急停止未操作 2)控制系统已接通并准备就绪 如有条件未满足,则触点打开
38		
55	信道 B 局部紧急停止	
56		
2	信道 A 外部紧急停止	紧急停止,双信道输入端,在机器人控制系统中触发紧急停止功能
20	信道 B 外部紧急停止	
6	信道 A 确认操作人员防护装置	用于连接带有无电势触点的"确认"操作人员防护装置的双信道输入端 可通过 KUKA 工业机器人系统软件配置确认操作人员防护装置输入端的行为 在关闭防护门(操作人员防护装置)后,可在自动运行方式下,在防护栅外面用"确认"键接通机械手的运行。该功能在交货状态下不生效
24	信道 B 确认操作人员防护装置	
4	信道 A 操作人员防护装置	用于防护门闭锁装置的双信道连接,只要该信号处于接通状态,就可以接通驱动装置。仅在自动运行方式下有效
22	信道 B 操作人员防护装置	
41	信道 A 的外围使能(Peri enabled)	输出端,无电势触点
42		
59	信道 B 的外围使能(Peri enabled)	
60		
39	信道 A 确认操作人员防护装置	输出端,确认操作人员防护装置无电势触点。将确认操作人员防护装置的输入信号转接至在同一防护栅上的其他机器人控制系统
40		
57	信道 B 确认操作人员防护装置	
58		

1. KUKA 工业机器人标准控制柜的外部紧急停止按钮的连接

如图 5-16 所示，安全接口板 SIB 的 X253 接口端子 4、12 连接 X11 接口端子 1、2，安全接口板 SIB 的 X253 接口端子 6、13 连接 X11 接口端子 19、20。X11 接口的端子 1、2 和 19、20 连接双信道外部紧急停止按钮。外部紧急停止按钮正常闭合时，X11 接口的端子 37、38 和 55、56 闭合，作为外部紧急停止按钮闭合的输出信号。

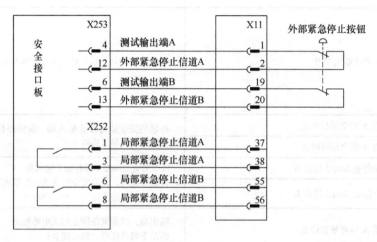

图　5-16

2. KUKA 工业机器人标准控制柜的双信道安全门限位开关（安全门锁）的连接

KUKA 工业机器人标准控制柜的双信道安全门限位开关（安全门锁）接线如图 5-17 所示，X11 接口的端子 3、4 和 21、22 连接双信道安全门限位开关。正常工作时，双信道安全门限位开关闭合。X11 接口的端子 39、40 和 57、58 闭合，作为双信道安全门限位开关闭合的输出信号，操作人员防护装置信号灯点亮。

除了双信道安全门限位开关之外，必须另外安装一个双信道操作人员防护装置确认键，连接到 X11 接口的端子 5、6 和 23、24。双信道安全门限位开关打开后，KUKA 工业机器人恢复启动自动运行时，首先需要双信道安全门限位开关闭合，其次必须将操作人员防护装置确认键闭合一次，以确认安全门限位开关关闭。满足以上两个条件，KUKA 工业机器人才能够重新启动自动运行。

3. KUKA 工业机器人标准控制柜的 X311 接口外部确认开关的连接

如果设备很大且不方便操控，需要利用 X311 的端子加设一个外部确认机制，如图 5-18 所示。如果没有外部确认机制，必须短接针脚 X311 的 11—12、13—14、29—30 和 31—32，短路插头如图 5-19 所示。

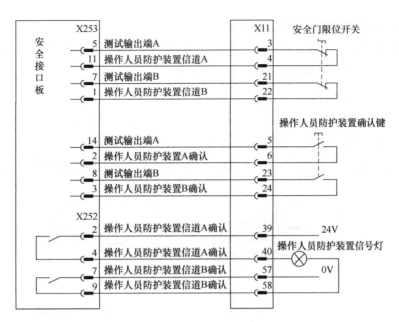

图　5-17

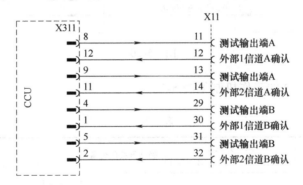

图　5-18

图　5-19

　　确认开关（包含确认开关1、2）为三位置开关，带有紧急停止位置，确认开关也叫作外部使能开关（见图5-20）。

　　当确认开关在中间位置时，确认开关1的常开触点闭合，确认开关2的常闭触点闭合，此时为KUKA工业机器人使能状态。

当确认开关2的常闭触点断开时，此时为KUKA工业机器人紧急停止状态。

1）确认开关1的工作机制：运行T1（手动慢速运行）或T2（手动快速运行）模式时，必须按住确认开关1，使得输入端常开触点11—12、29—30闭合。

2）确认开关2的工作机制：必须使得确认开关2闭合，即输入端的常闭触点31—32、13—14闭合。如果确认开关2的常闭触点断开，为紧急停止状态。

3）如果已连接一个示教器smartPAD，示教器的确认键（使能键）与确认开关串联。

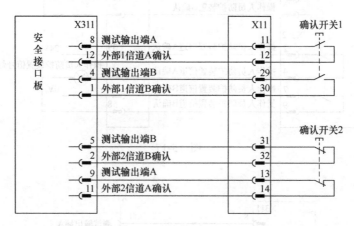

图 5-20

两个确认开关1、2的工作机制见表5-3。

表 5-3

确认开关1 输入端（11—12、29—30）	确认开关2 输入端（31—32、13—14）	确认开关的位置	工业机器人的功能 （只针对在T1、T2模式有效）
输入端断开	输入端断开	非运行状态	工业机器人执行安全停止1，即工业机器人停止运动，机械手各轴停止后，驱动装置和制动器断电
输入端断开	输入端闭合	没有执行操作	工业机器人执行安全停止2，即工业机器人停止运动，机械手各轴停止后，驱动装置保持接通
输入端闭合	输入端断开	紧急情况位置	工业机器人执行安全停止1，即工业机器人停止运动，机械手各轴停止后，驱动装置和制动器断电
输入端闭合	输入端闭合	中间位置	工业机器人使能，工业机器人可以进行操控运动

4. KUKA工业机器人标准控制柜的X11接口的用户电源US1和US2的连接

用户电源US1和US2可以通过X11接口的端子91、92和93、94提供24V的负载电源，这是一个选项功能。

　　用户电源USB2可以在安全配置中选择"通过外部PLC""通过KRC"两种方式接通，通过选择"关闭"进行关断。

　　用户电源USB2通过Q5、Q6的控制进行输出，机器人移动时，Q5、Q6闭合，X11接口的93、94端子输出电源USB2，可以用于机器人焊接、喷涂的启动。机器人停止时，Q5、Q6断开，电源USB2断开，焊接、喷涂停止。这样可以防止机器人在停止时，焊接、喷涂不停，造成废品。

　　X11的用户电源US1和US2如图5-21所示，说明见表5-4，Q5、Q6如图5-22所示。

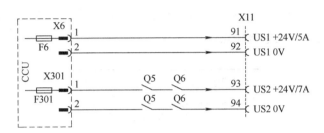

图　5-21

表　5-4

信号	针脚	说明
负载电压 US1	91	只要控制系统有电压供给，电源就处于接通状态
	92	
负载电压 US2	93	只有驱动器处于激活状态并且制动器抱闸松开，电源才处于接通状态
	94	

图　5-22

5.4 安全接口扩展板 SIB ext

只有在已安装 Safe Range Monitoring、Safe Operation 或 Safe Single Brake 应用程序包并且已借助应用程序包对接口进行配置的情况下，才可以使用安全选项的分离式接口 X13。

安全接口扩展板 SIB ext 连接到 X13 接口，X13 接口的针脚排列如图 5-23 所示。X13 接口有 8 个安全输入端和 8 个安全输出端，安全输入端和安全输出端的功能已经设定。所有的安全输入端和安全输出端都采用双通道设计。连接安全输入端时，必须使用测试输出端（TA）。安全输出端为无电势触点。

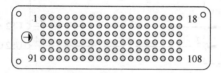

图 5-23

安全接口扩展板 SIB ext 的接口如图 5-24 所示，接口说明见表 5-5。

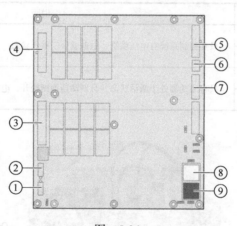

图 5-24

表 5-5

序号	接口	说明
1	X260	SIB 扩展板的供电
2	X261	其他组件的供电
3	X264	安全输出端 1、4
4	X266	安全输出端 5、8
5	X262	安全输入端

（续）

序号	接口	说明
6	X263	安全输入端
7	X267	安全输入端
8	X268	KUKA 工业机器人系统总线输入
9	X269	KUKA 工业机器人系统总线输出

5.4.1 执行 Safe Operation（安全运行）功能时接口 X13 的连接

1）接口 X13 的安全输入端的功能说明见表 5-6，连接如图 5-25 所示。

表　5-6

信号	说明
VRED	激活经降低的速度监控 0 = 经降低的速度监控激活 1 = 经降低的速度监控未激活
SBH1	轴组 1、2 的安全运行停止 安全运行停止信号。该功能不会触发停止，只是激活安全静止监控。该功能的取消无须确认 0 = 安全运行停止已激活 1 = 安全运行停止未激活
USER 12 ～ 16	监控空间 12 ～ 16 0 = 监控空间已激活 1 = 监控空间未激活

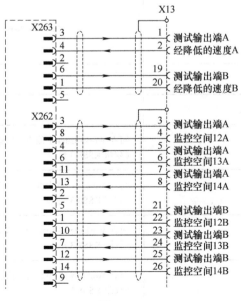

图　5-25

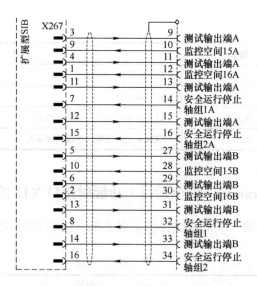

图 5-25（续）

执行 Safe Operation（安全运行）功能时，X13 接口输入端针脚见表 5-7。

表 5-7

针脚	说明	功能
1/3/5/7/9/11/13/15	测试输出端 A（测试信号）	向信道 A 的每个接口输入端提供脉冲电压
19/21/23/25/27/29/31/33	测试输出端 B（测试信号）	向信道 B 的每个接口输入端提供脉冲电压
2	信道 A 低速	—
4	信道 A 监控空间 12	—
6	信道 A 监控空间 13	可在 WorkVisual 中编为"信道 A　SBH 3"（仅限 KSS8.3）
8	信道 A 监控空间 14	可在 WorkVisual 中编为"信道 A　SBH 4"（仅限 KSS8.3）
10	信道 A 监控空间 15	可在 WorkVisual 中编为"信道 A　SBH 5"（仅限 KSS8.3）
12	信道 A 监控空间 16	可在 WorkVisual 中编为"信道 A　SBH 6"（仅限 KSS8.3）

（续）

针脚	说明	功能
14	信道 A 轴组 1 的安全运行停止	—
16	信道 A 轴组 2 的安全运行停止	—
20	信道 B 低速	—
22	信道 B 监控空间 12	—
24	信道 B 监控空间 13	可在 WorkVisual 中编为"信道 B　SBH 3"（仅限 KSS8.3）
26	信道 B 监控空间 14	可在 WorkVisual 中编为"信道 B　SBH 4"（仅限 KSS8.3）
28	信道 B 监控空间 15	可在 WorkVisual 中编为"信道 B　SBH 5"（仅限 KSS8.3）
30	信道 B 监控空间 16	可在 WorkVisual 中编为"信道 B　SBH 6"（仅限 KSS8.3）
32	信道 B 轴组 1 的安全运行停止	—
34	信道 B 轴组 2 的安全运行停止	—

2）执行 Safe Operation 功能时接口 X13 的输出端连接。

接口 X13 的安全输出端的功能说明见表 5-8，连接如图 5-26 所示。

表　5-8

信号	说明
SOP	Safe Operation 的激活状态 0 = Safe Operation 未激活 1 = Safe Operation 已激活
RR	机器人回参考点 显示零点复归检查 0 = 必须进行零点复归测试 1 = 零点复归测试已成功完成
MR1 ～ 6	信号空间 1 ～ 6 信号空间 1（基于监控空间 1）～信号空间 6（基于监控空间 6） 0 = 已超出空间 1 = 未超出空间

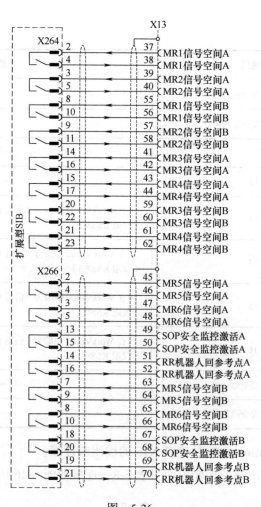

图 5-26

执行 Safe Operation（安全运行）功能时，X13 接口输出端针脚见表 5-9。

表 5-9

针脚	说明	针脚	说明
37	信道 A 输入 MR1 信号空间	43	信道 A 输入 MR4 信号空间
38	信道 A 输出 MR1 信号空间	44	信道 A 输出 MR4 信号空间
39	信道 A 输入 MR2 信号空间	45	信道 A 输入 MR5 信号空间
40	信道 A 输出 MR2 信号空间	46	信道 A 输出 MR5 信号空间
41	信道 A 输入 MR3 信号空间	47	信道 A 输入 MR6 信号空间
42	信道 A 输出 MR3 信号空间	48	信道 A 输出 MR6 信号空间

（续）

针脚	说明	针脚	说明
49	信道 A 输入安全监控激活	61	信道 B 输入 MR4 信号空间
50	信道 A 输出安全监控激活	62	信道 B 输出 MR4 信号空间
51	信道 A 输入 RR 机器人已调基准	63	信道 B 输入 MR5 信号空间
52	信道 A 输出 RR 机器人已调基准	64	信道 B 输出 MR5 信号空间
55	信道 B 输入 MR1 信号空间	65	信道 B 输入 MR6 信号空间
56	信道 B 输出 MR1 信号空间	66	信道 B 输出 MR6 信号空间
57	信道 B 输入 MR2 信号空间	67	信道 B 输入安全监控激活
58	信道 B 输出 MR2 信号空间	68	信道 B 输出安全监控激活
59	信道 B 输入 MR3 信号空间	69	信道 B 输入 RR 机器人已调基准
60	信道 B 输出 MR3 信号空间	70	信道 B 输出 RR 机器人已调基准

5.4.2　执行 Safe Range Monitoring（安全范围监控）功能时接口 X13 的连接

1）执行 Safe Range Monitoring 功能时，接口 X13 输入端针脚见表 5-10。

表　5-10

针脚	说明	功能
1/3/5 /7/9 /11/13 /15	测试输出端 A （测试信号）	向信道 A 的每个接口输入端供应脉冲电压
19/21 /23/25 /27/29 /31/33	测试输出端 B （测试信号）	向信道 B 的每个接口输入端供应脉冲电压
2	预留	—
4	预留	—

（续）

针脚	说明	功能
6	预留	—
8	预留	—
10	预留	—
12	预留	—
14	预留	—
16	预留	—
20	预留	—
22	预留	—
24	预留	—
26	预留	—
28	预留	—
30	预留	—
32	预留	—
34	预留	—

2）执行 Safe Range Monitoring 功能时，接口 X13 输出端针脚见表 5-11。

表 5-11

针脚	说明	针脚	说明
37	信道 A 输入 MR1 信号空间	42	信道 A 输出 MR3 信号空间
38	信道 A 输出 MR1 信号空间	43	信道 A 输入 MR4 信号空间
39	信道 A 输入 MR2 信号空间	44	信道 A 输出 MR4 信号空间
40	信道 A 输出 MR2 信号空间	45	信道 A 输入 MR5 信号空间
41	信道 A 输入 MR3 信号空间	46	信道 A 输出 MR5 信号空间

（续）

针脚	说明	针脚	说明
47	信道 A 输入 MR6 信号空间	60	信道 B 输出 MR3 信号空间
48	信道 A 输出 MR6 信号空间	61	信道 B 输入 MR4 信号空间
49	信道 A 输入安全监控激活	62	信道 B 输出 MR4 信号空间
50	信道 A 输出安全监控激活	63	信道 B 输入 MR5 信号空间
51	信道 A 输入 RR 机器人已调基准	64	信道 B 输出 MR5 信号空间
52	信道 A 输出 RR 机器人已调基准	65	信道 B 输入 MR6 信号空间
55	信道 B 输入 MR1 信号空间	66	信道 B 输出 MR6 信号空间
56	信道 B 输出 MR1 信号空间	67	信道 B 输入安全监控激活
57	信道 B 输入 MR2 信号空间	68	信道 B 输出安全监控激活
58	信道 B 输出 MR2 信号空间	69	信道 B 输入 RR 机器人已调基准
59	信道 B 输入 MR3 信号空间	70	信道 B 输出 RR 机器人已调基准

5.4.3 执行 Safe Single Brake（安全单制动）功能时接口 X13 的连接

1）执行 Safe Single Brake 功能时，接口 X13 输入端针脚见表 5-12。

表 5-12

针脚	说明	功能
1/3/5 /7/9 /11/13 /15	测试输出端 A （测试信号）	向信道 A 的每个接口输入端供应脉冲电压
19/21 /23/25 /27/29 /31/33	测试输出端 B （测试信号）	向信道 B 的每个接口输入端供应脉冲电压
2	预留	—
4	预留	—
6	信道 A 轴组 3 的安全运行停止	—
8	信道 A 轴组 4 的安全运行停止	—
10	信道 A 轴组 5 的安全运行停止	—
12	信道 A 轴组 6 的安全运行停止	—

（续）

针脚	说明	功能
14	信道 A 轴组 1 的安全运行停止	—
16	信道 A 轴组 2 的安全运行停止	—
20	预留	—
22	预留	—
24	信道 B 轴组 3 的安全运行停止	—
26	信道 B 轴组 4 的安全运行停止	—
28	信道 B 轴组 5 的安全运行停止	—
30	信道 B 轴组 6 的安全运行停止	—
32	信道 B 轴组 1 的安全运行停止	—
34	信道 B 轴组 2 的安全运行停止	—

2）执行 Safe Single Brake 功能时，接口 X13 输出端针脚见表 5-13。

表 5-13

针脚	说明	针脚	说明
42	预留	58	预留
43	预留	59	预留
44	预留	60	预留
45	预留	61	预留
46	预留	62	预留
47	预留	63	预留
48	预留	64	预留
49	信道 A 输入安全监控激活	65	预留
50	信道 A 输出安全监控激活	66	预留
51	预留	67	信道 B 输入安全监控激活
52	预留	68	信道 B 输出安全监控激活
55	预留	69	预留
56	预留	70	预留
57	预留	—	—

5.5 安全接口板 SIB 的 LED 指示灯

安全接口板 SIB 的 LED 指示灯位置如图 5-27 所示，说明见表 5-14。

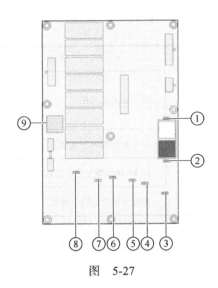

图　5-27

表　5-14

序号	名称	颜色	说明	补救措施
1	L/A	绿色	亮＝有物理连接 灭＝无物理连接，网线没有接好	—
2	L/A	绿色	闪烁＝线路上正进行数据交换	
3	PWR_3V3（SIB 的电压）	绿色	灭＝无电源存在	检查熔丝 F302 检查电桥插头 X308
			亮＝有电源存在	
4	RUN（运行，EtherCAT 安全节点）	绿色	亮＝可使用（正常状态）	—
			灭＝初始化（开机后）	—
			以 2.5Hz 闪烁＝试运转（启动时的初始状态）	—
			单一信号＝安全运行	—
			以 10Hz 闪烁＝启动（用于固件更新）	—
5	STAS2（安全节点 B）	橙色	灭＝无电源存在	检查熔丝 F302 如果 LED PWR_3V3 亮起，则更换 SIB 组件
			以 1Hz 闪烁＝正常状态	—
			以 10Hz 闪烁＝启动阶段	—
			闪烁＝错误代码（内部）	—
6	FSoE（EtherCAT 连接的 安全协议）	绿色	灭＝未激活	—
			亮＝功能就绪	
			闪烁＝错误代码（内部）	

（续）

序号	名称	颜色	说明	补救措施
7	STAS1（安全节点 A）	橙色	灭 = 无电源存在	检查熔丝 F302 如果 LED PWR_3V3 亮起，则更换 SIB 组件
			以 1Hz 闪烁 = 正常状态	—
			以 10Hz 闪烁 = 启动阶段	—
			闪烁 = 错误代码（内部）	—
8	PWRS 3.3V	绿色	亮 = 电源存在	—
			灭 = 无电源存在	检查熔丝 F302 如果 LED PWR_3V3 亮起，则更换 SIB 组件
9	熔丝装置 LED（LED 显示熔丝装置的状态）	红色	亮 = 熔丝装置损坏	更换已损坏的熔丝 F250/4A
			灭 = 熔丝装置正常	—

5.6　安全接口扩展板 SIB ext 的 LED 指示灯

安全接口扩展板 SIB ext 的 LED 指示灯位置如图 5-28 所示，说明见表 5-15。

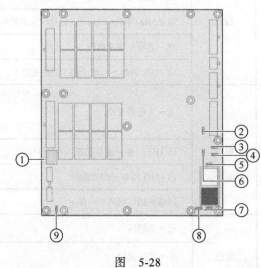

图　5-28

表　5-15

序号	名称	颜色	说明	补救措施
1	熔丝装置 LED（LED 显示熔丝装置的状态）	红色	亮 = 熔丝装置损坏	更换已损坏的熔丝（F260/4A）
			灭 = 熔丝装置正常	—
2	STAS1（安全节点 A）	橙色	灭 = 无电源存在	检查熔丝 F302 如果 LED PWR_3V3 亮起，则更换 SIB 组件
			以 1Hz 闪烁 = 正常状态	—
			以 10Hz 闪烁 = 启动阶段	—
			闪烁 = 错误代码（内部）	—
3	FSoE（EtherCAT 连接的安全协议）	绿色	灭 = 未激活	—
			亮 = 功能就绪	—
			闪烁 = 错误代码（内部）	—
4	PWRS 3.3V	绿色	亮 = 电源存在	—
			灭 = 无电源存在	检查熔丝 F302 如果 LED PWR_3V3 亮起，则更换 SIB 组件
5	L/A	绿色	亮 = 有物理连接 灭 = 无物理连接，网线没有接好 闪烁 = 线路上正进行数据交换	—
6	STAS2（安全节点 B）	橙色	灭 = 无电源存在	检查熔丝 F302 如果 LED PWR_3V3 亮起，则更换 SIB 组件
			以 1Hz 闪烁 = 正常状态	—
			以 10Hz 闪烁 = 启动阶段	—
			闪烁 = 错误代码（内部）	—
7	L/A	绿色	亮 = 有物理连接 灭 = 无物理连接，网线没有接好 闪烁 = 线路上正进行数据交换	—
8	RUN（运行，EtherCAT 安全节点）	绿色	亮 = 可使用（正常状态）	—
			灭 = 初始化（开机后）	—
			以 2.5Hz 闪烁 = 试运转（启动时的中间状态）	—
			单一信号 = 安全运行	—
			以 10Hz 闪烁 = 启动（用于固件更新）	—
9	PWR_3V3（SIB 的电压）	绿色	灭 = 无电源存在	检查熔丝 F302 检查电桥插头 X308
			亮 = 有电源存在	—

第6章 KUKA 工业机器人扩展总线 KEB

KUKA 工业机器人扩展总线 KEB 是 EtherCAT 系统总线，以控制柜控制单元 CCU 作为主站，循环时间为 1ms，连接输入 / 输出模块，需要通过 WorkVisual 软件进行配置，输入 / 输出模块才能生效，如图 6-1 所示。

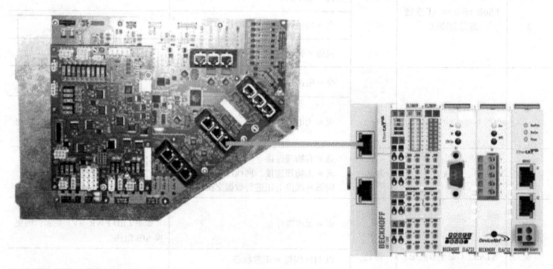

图 6-1

KUKA 工业机器人扩展总线 KEB 连接的模块见表 6-1。

表 6-1

序号	模块名称	模块常见规格
1	EtherCAT 总线耦合器	Beckhoff EK1100
2	EtherCAT 输入 / 输出模块	Beckhoff EL1809、EL2809
3	PROFIBUS 网关	Beckhoff EL6731（主站）、Beckhoff EL6731 0010（从站）
4	DeviceNet 网关	Beckhoff EL6752（主站）、Beckhoff EL6752 0010（从站）
5	EtherCAT Master/ Master 网关	Beckhoff EL6692

6.1　KUKA 工业机器人扩展总线 KEB 的连接图

控制柜控制单元 CCU 的接口 X44 连接 EtherCAT 总线耦合器 EK1100，将输入模块 EL1809、输出模块 EL2809 的信号输入 KUKA 工业机器人计算机组件 KPC 进行处理，EL9011 是总线末端端子模块，如图 6-2、图 6-3 所示。控制柜控制单元 CCU 的接口 X44 如图 6-4 所示。EtherCAT 总线耦合器 EK1100 的 EtherCAT 接口如图 6-5 所示。

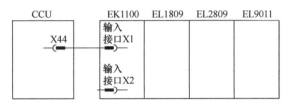

图　6-2

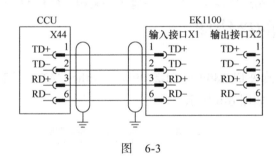

图　6-3

图　6-4

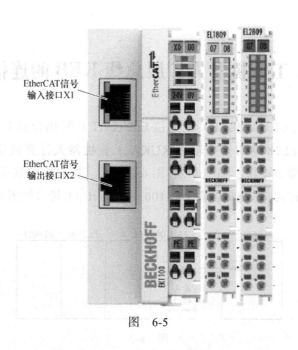

EtherCAT信号
输入接口X1

EtherCAT信号
输出接口X2

图 6-5

6.2 总线耦合器 EK1100、输入模块 EL1809、输出模块 EL2809 的接线图

常用的输入/输出模块 EL1809 和 EL2809 通过 EtherCAT 总线耦合器 EK1100 与控制柜控制单元 CCU 连接，如图 6-6 所示。

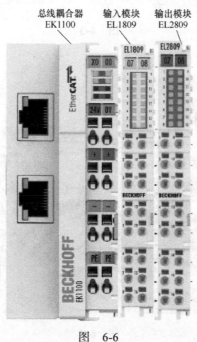

总线耦合器　　输入模块　　输出模块
EK1100　　　　EL1809　　　EL2809

图 6-6

6.2.1 总线耦合器 EK1100 的接线图

总线耦合器 EK1100 上部的耦合器电源给模块内部供电，下部的电源触点给负载供电，耦合器电源和电源触点两者最好分开，以避免干扰。总线耦合器 EK1100 通过侧面的 E-BUS 总线与 EL1809、EL2809 进行连接和通信，如图 6-7、图 6-8 所示。

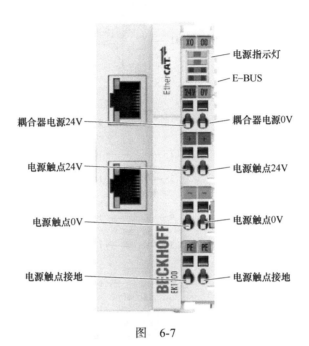

图　6-7

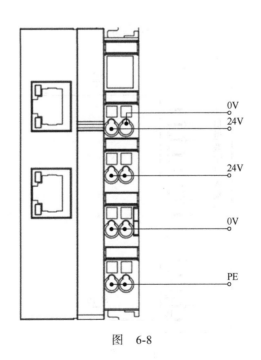

图　6-8

6.2.2 输入模块 EL1809 的接线图

输入模块 EL1809 提供 16 个信道的数字量输入信号，直流电源为 24V，如图 6-9、图 6-10 所示。

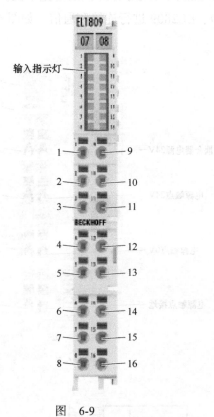

图　6-9

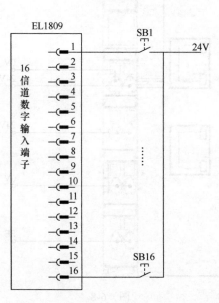

图　6-10

6.2.3 输出模块 EL2809 的接线图

输出模块 EL2809 提供 16 个信道的数字量输出信号，输出直流电压 24V，输出最大电流 0.5A，如图 6-11、图 6-12 所示。

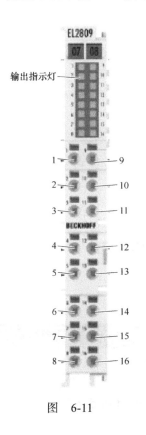

图　6-11

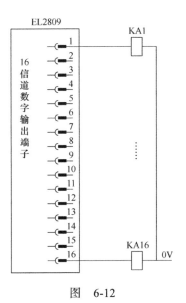

图　6-12

6.3 总线耦合器 EK1100、输入模块 EL1809、输出模块 EL2809 的配置

首先从倍福（Beckhoff）官网下载总线耦合器 EK1100、输入模块 EL1809、输出模块 EL2809 的 GSD 文件，再通过 WorkVisual 软件进行配置。

6.3.1 总线耦合器 EK1100、输入模块 EL1809、输出模块 EL2809 的 GSD 文件下载

登录倍福官网的下载中心，如图 6-13 所示。选择"配置文件"，如图 6-14 所示。输入"ek1100"，选择"Downloads"，如图 6-15 所示。选择"XML（35MB）"，如图 6-16

所示，下载 EK1100、EL1809、EL2809 等的 GSD 文件。

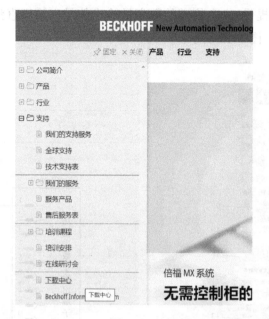

图 6-13

配置文件
您可以在此外获取适合各种总线系统的配
置文件，有 EDS 或 GSE 等不同文件格式。
更多信息 →

图 6-14

图 6-15

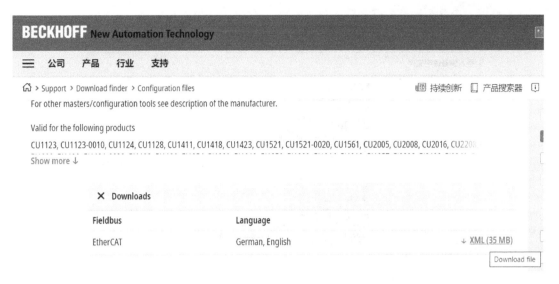

图 6-16

6.3.2 总线耦合器 EK1100、输入模块 EL1809、输出模块 EL2809 的 GSD 文件导入

打开 WorkVisual 软件，注意不要打开任何项目，在"File"菜单中单击"Import/Export"（导入/导出），如图 6-17 所示。选择"导入设备说明文件"，选择文件类型"EtherCAT ESI"，选中总线耦合器 EK1100、输入模块 EL1809、输出模块 EL2809 的 GSD 文件 Beckhoff EK11××、Beckhoff EL1×××、Beckhoff EL2×××，单击"打开"按钮，将 GSD 文件导入 WorkVisual，如图 6-18 ～图 6-23 所示。

图 6-17

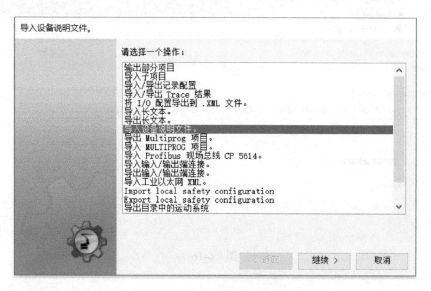

图　6-18

图 6-20

图 6-21

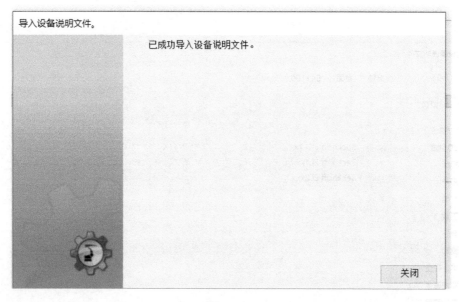

图　6-22

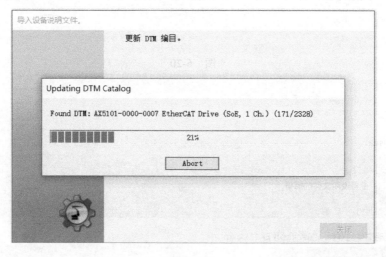

图　6-23

6.3.3　总线耦合器 EK1100、输入模块 EL1809、输出模块 EL2809 的 GSD 文件的 DTM 样本管理

在"Extras"菜单中选择"DTM-Catalog Management...",样本开始更新,如图 6-24、图 6-25 所示。选择"Search for installed DTMs",如图 6-26 所示。单击">>",将样本移到右边窗口,使样本生效,如图 6-27 所示。

图　6-24

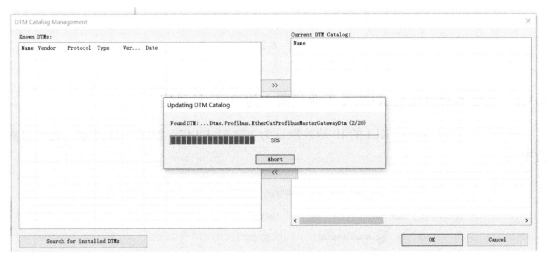

图　6-25

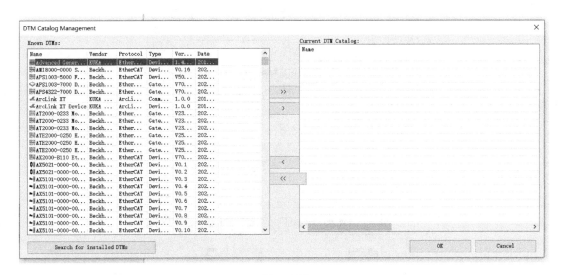

图　6-26

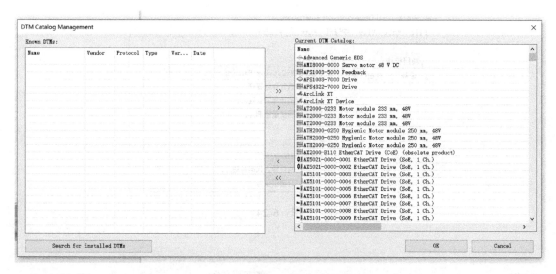

图　6-27

6.3.4　笔记本计算机与 KUKA 工业机器人的 IP 地址设定

KUKA 工业机器人的 KLI 的 IP 地址默认为 172.31.1.147，如图 6-28 所示，也可以修改 IP 地址。

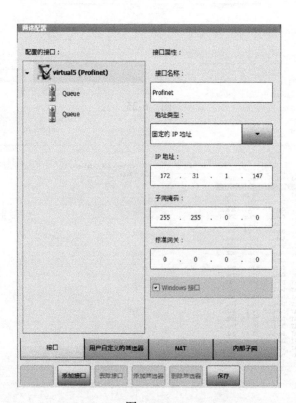

图　6-28

笔记本计算机通过网线连接到 KLI 上，笔记本计算机和 KUKA 工业机器人的 IP 地址需要在同一个网段，将笔记本计算机的 IP 地址设为 172.31.1.18，如图 6-29、图 6-30 所示。

图　6-29

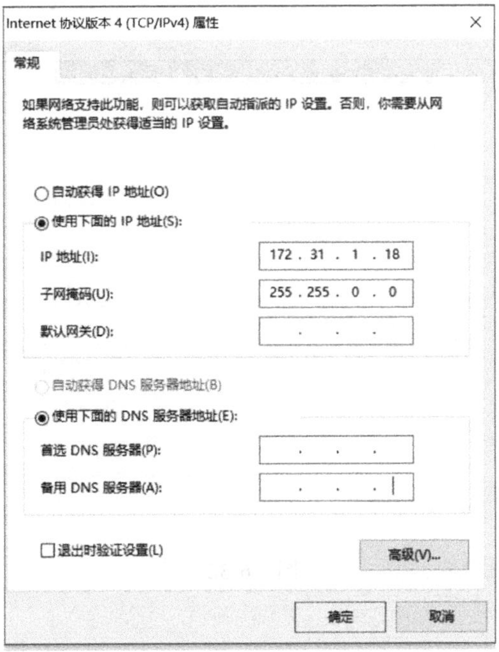

图　6-30

6.3.5 总线耦合器 EK1100、输入模块 EL1809、输出模块 EL2809 的添加

在 WorkVisual 软件的 "File" 菜单中单击 "查找项目"，如图 6-31 所示，在弹出的 "WorkVisual 项目浏览器" 对话框中单击 "搜索" "更新" 按钮，将 KUKA 工业机器人中的项目上传到笔记本计算机，如图 6-32、图 6-33 所示。图 6-33 中深色部分标出的文件 443118_Ring_Rob 表示 KUKA 工业机器人中激活的项目，单击 "打开" 按钮，打开此项目。

图　6-31

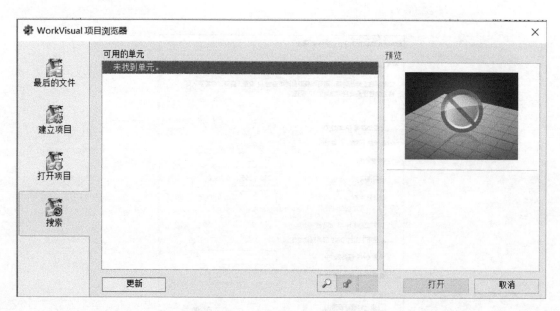

图　6-32

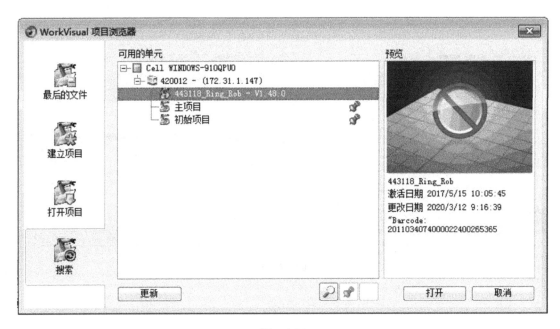

图 6-33

在 KUKA 工业机器人扩展总线 KEB 上配置总线耦合器 EK1100。在"KUKA Extension Bus（SYS-X44）"上单击鼠标右键，选择"Add..."，如图 6-34 所示，添加 EK1100 EtherCAT Coupler。继续添加 EL1809、EL2809，如图 6-35～图 6-40 所示。

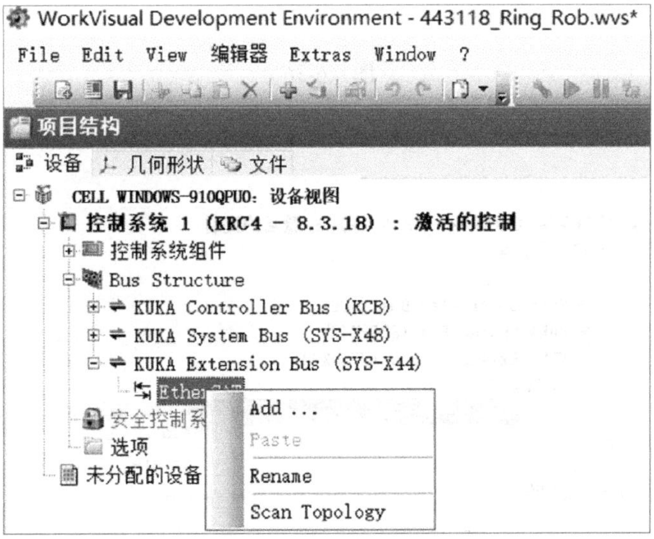

图 6-34

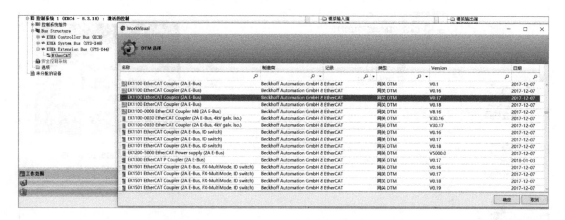

图 6-35

图 6-36

在KUKA工业机器人电路的KCB上找到EtherCAT，找到EK1100的
Extension Bus（SYS-X44）上单击右键选择Add，添加设备，如图6-37所示，添加
EK1100 EtherCAT Coupler，然后确认，就完成了网关的添加。如图6-40所示。

图 6-37

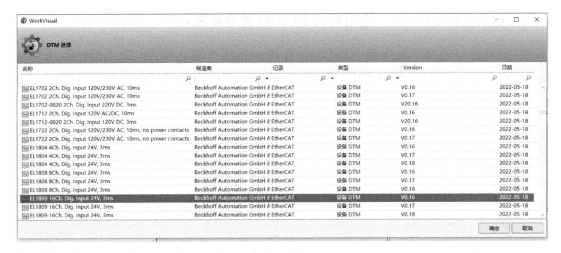

图　6-38

图　6-39

图　6-40

6.3.6 输入模块 EL1809、输出模块 EL2809 的地址配置

在左侧窗口选择"数字输入端"，在右侧窗口选择输入模块"EL1809 16Ch. Dig. Input 24V，3ms"，选择 Channel 1. Input ～ Channel 16. Input 与 $IN [1] ～ $IN [16]，单击连接按钮 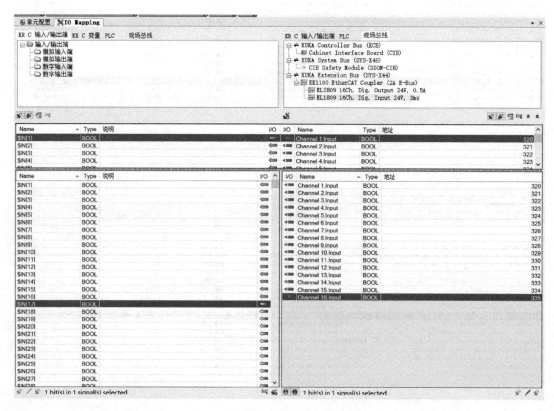 进行连接，如图 6-41 所示，信号见表 6-2。

图 6-41

表 6-2

输入端子序号	输入信号名称	KUKA 工业机器人输入信号名称
1	SB1	$IN [1]
2	SB2	$IN [2]
3	SB3	$IN [3]
4	SB4	$IN [4]
5	SB5	$IN [5]
6	SB6	$IN [6]
7	SB7	$IN [7]

（续）

输入端子序号	输入信号名称	KUKA 工业机器人输入信号名称
8	SB8	$IN [8]
9	SB9	$IN [9]
10	SB10	$IN [10]
11	SB11	$IN [11]
12	SB12	$IN [12]
13	SB13	$IN [13]
14	SB14	$IN [14]
15	SB15	$IN [15]
16	SB16	$IN [16]

在左侧窗口选择"数字输出端"，在右侧窗口选择输入模块"EL2809 16Ch. Dig. Output 24V，0.5A"。选择 Channel 1. Output ～ Channel 16. Output 与 $OUT [1] ～ $OUT [16]，单击连接按钮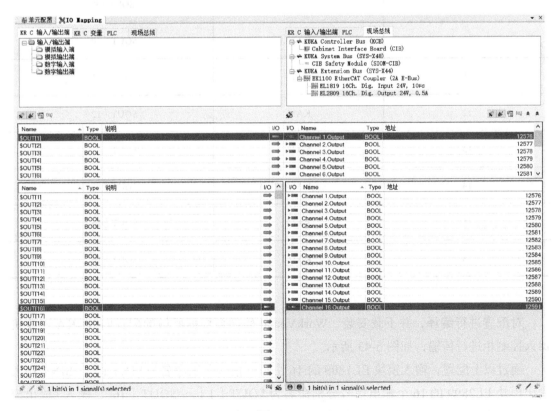进行连接，如图 6-42 所示，信号见表 6-3。

图　6-42

表　6-3

输出端子序号	输出信号名称	KUKA 工业机器人输出信号名称
1	KA1	$OUT［1］
2	KA2	$OUT［2］
3	KA3	$OUT［3］
4	KA4	$OUT［4］
5	KA5	$OUT［5］
6	KA6	$OUT［6］
7	KA7	$OUT［7］
8	KA8	$OUT［8］
9	KA9	$OUT［9］
10	KA10	$OUT［10］
11	KA11	$OUT［11］
12	KA12	$OUT［12］
13	KA13	$OUT［13］
14	KA14	$OUT［14］
15	KA15	$OUT［15］
16	KA16	$OUT［16］

对配置进行编译，并下载安装，WorkVisual 软件会根据所做的配置向 KUKA 工业机器人控制柜进行传输，如图 6-43 所示。

通过以上配置，输入模块 EL1809 的 16 个输入信号分别命名为 $IN［1］～ $IN［16］，输出模块 EL2809 的 16 个输出信号分别命名为 $OUT［1］～ $OUT［16］，输入 / 输出模块的信号生效，可以在 KUKA 工业机器人的程序中使用。

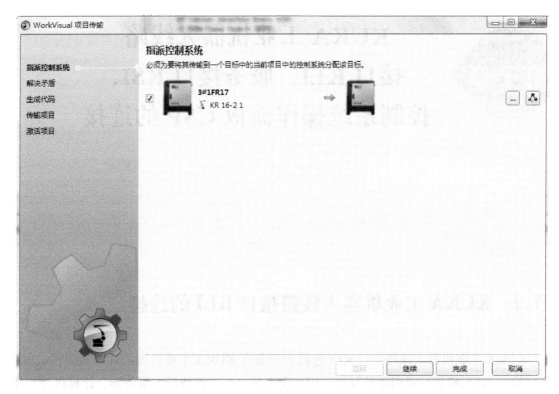

图 6-43

第7章 KUKA 工业机器人线路接口 KLI、服务接口 KSI、控制系统操作面板 CSP 的连接

7.1 KUKA 工业机器人线路接口 KLI 的连接

KUKA 工业机器人线路接口 KLI 连接的设备有 KUKA 工业机器人计算机组件 KPC、客户输入/输出模块、可编程控制器、用于安全的可编程控制器、服务器、计算机等，如图 7-1 所示。

KUKA 工业机器人线路接口 KLI 可以进行以太网现场总线（如 PROFINET、PROFIsafe、EtherNet/IP、CIP Safety）的通信，通过 KUKA 工业机器人线路接口 KLI 的以太网客户接口 X66 和 X67 与设备及上层结构（客户网络、服务器）通信，通过 WorkVisual 软件配置现场总线。

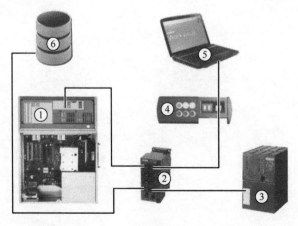

图 7-1

1—KUKA 工业机器人计算机组件 KPC 2—工业交换机 3—可编程控制器 4—控制系统操作面板 CSP
5—笔记本计算机 6—服务器

7.1.1 KUKA 工业机器人线路接口 KLI 的连接概图

KUKA 工业机器人线路接口 KLI 的连接概图如图 7-2 所示。

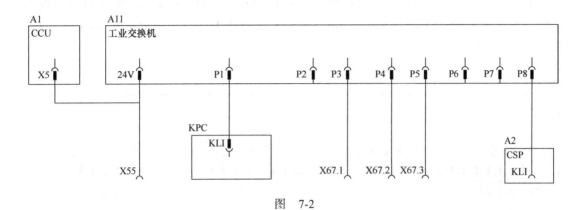

图 7-2

7.1.2 工业交换机的电源连接电路图

控制柜控制单元 CCU 的 X5 接口输出 24V 的直流电源，如图 7-3 所示，分别短接 X55 的 5、7 端子和 6、8 端子，将电源输入工业交换机的 L1、M1 端子，工业交换机实现内部供电。外部电源也可以直接通过 X55 接口的 7、8 端子给工业交换机供电，工业交换机实现外部供电。

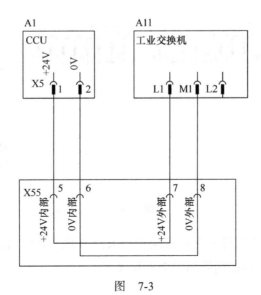

图 7-3

7.1.3 KUKA 工业机器人线路接口 KLI 连接电路图

KUKA 工业机器人计算机组件的线路接口 KLI 连接工业交换机的 P1 接口，工业交换机的 P3、P4、P5 接口分别连接控制柜的 X67.1、X67.2、X67.3 接口，P8 接口连接控制系统操作面板 CSP 的 KLI 接口，实现 KUKA 工业机器人计算机组件 KPC 的 KLI 通信，如图 7-4、图 7-5 所示。

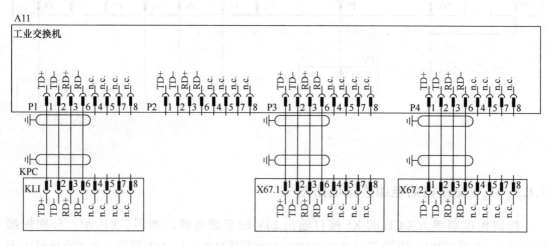

图 7-4

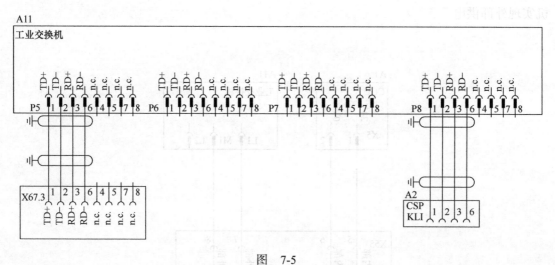

图 7-5

KUKA 工业机器人计算机组件的线路接口 KLI 如图 7-6 所示，工业交换机及接口如图 7-7 所示，安全的可编程控制器如图 7-8 所示。

图 7-6

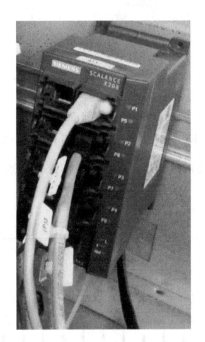

图 7-7

图 7-8

7.2 KUKA工业机器人服务接口KSI的连接

从版本KSS 8.3开始，笔记本计算机可以连接到控制系统操作面板CSP的网口，通过KUKA工业机器人服务接口KSI连接到控制柜控制单元CCU的X43接口，最终连接到KUKA工业机器人计算机组件KPC，实现通信功能，可以代替KUKA工业机器人线路接口KLI。KUKA工业机器人服务接口KSI的连接如图7-9所示。

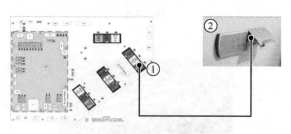

图　7-9

1—CCU的X43接口，KUKA工业机器人服务接口KSI　2—控制系统操作面板CSP

控制系统操作面板CSP的X200接口与CCU连接，实现供电和控制功能，如图7-10所示，信号说明见表7-1。

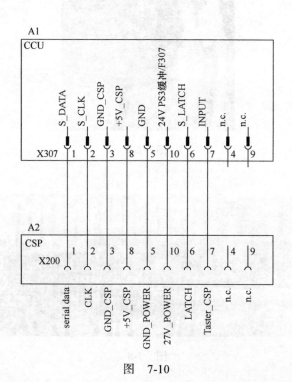

图　7-10

表　7-1

序号	名称	说明
1	S_DATA（serial data）	串行数据
2	S_CLK（CLK）	时钟
3	GND_CSP	0V
8	+5V_CSP	+5V 电源
5	GND_POWER	0V
10	24V PS3（27V_POWER）	+24V 电源
6	S_LATCH（LATCH）	锁存器
7	INPUT（Taster_CSP）	采样输入信号

KUKA 工业机器人服务接口 KSI 连接控制柜控制单元 CCU 的 X43 接口和控制系统操作面板 CSP 的 KSI 接口，如图 7-11 所示。

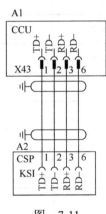

图　7-11

7.3　控制系统操作面板 CSP

控制系统操作面板 CSP 是各种运行状态的显示单元，如图 7-12 所示。接口及指示灯名称、含义见表 7-2。

控制系统操作面板 CSP 有下列接口：

1）两个 USB 接口。

2）KUKA 工业机器人线路接口 KLI。KLI 只用于连接控制柜内的工业交换机。

3）KUKA 工业机器人服务接口 KSI。从 KSS 8.3 开始使用 KUKA 工业机器人服务接口 KSI，KSI 用于将笔记本计算机连接到控制系统。

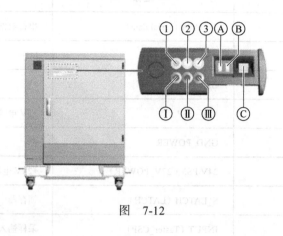

图 7-12

表 7-2

序号	名称	颜色	含义
1	LED 指示灯 1	绿色	运行 LED 指示灯
2	LED 指示灯 2	白色	休眠模式 LED 指示灯
3	LED 指示灯 3	白色	自动模式 LED 指示灯
Ⅰ	LED 指示灯 4	红色	故障 LED 指示灯 1
Ⅱ	LED 指示灯 5	红色	故障 LED 指示灯 2
Ⅲ	LED 指示灯 6	红色	故障 LED 指示灯 3
A	USB1	—	主板 USB
B	USB2	—	主板 USB
C	RJ45	—	根据选项连接 KSI、KLI 接口，其中选项 KLI 只与控制柜内的交换机连接

控制系统操作面板 CSP 的两个 USB 接口 USB1、USB2 连接如图 7-13 所示。KUKA 工业机器人计算机组件 KPC 的 USB3 连接控制系统操作面板 CSP 的 USB1，KUKA 工业机器人计算机组件 KPC 的 USB4 连接控制系统操作面板 CSP 的 USB2，其中端子 1、4 提供 USB 接口电压 5V 的工作电源；端子 2、3 的 D+、D– 为数据线，进行数据的传输。另外 KUKA 工业机器人计算机组件 KPC 的 USB1 连接控制柜控制单元 CCU 的 X12 接口。

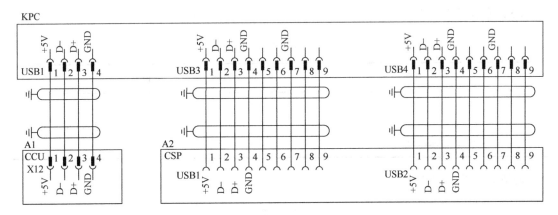

图　7-13

控制系统状态见表7-3。

表　7-3

显示	说明	状态
	LED1 缓慢闪烁 LED2 ～ LED6 = 熄灭 主开关 = 亮	控制系统启动
	LED1 缓慢闪烁 LED2 ～ LED6 = 熄灭 主开关 = 亮 PM 服务已启动	HMI 还未载入并且 / 或 RTS 不"运行"
	LED1 = 亮 LED3 = 任意状态 LED2；LED4 ～ LED6 = 熄灭 启动结束，没有错误	SM 处于"运行"状态，HMI 和 Cross 运行
	LED1 = 亮 LED3 = 任意状态 LED2；LED4 ～ LED6 = 熄灭 主开关 = 熄灭 尚未出现电源故障（Powerfail）超时	控制系统尚未关机
	LED1 缓慢闪烁 LED2 ～ LED6 = 熄灭 主开关 = 熄灭 已出现电源故障（Powerfail）超时	控制系统关机
	LED1 缓慢闪烁 LED2 ～ LED6 = 熄灭	控制系统关机

CSP 测试见表 7-4。

表 7-4

显示	说明
	如果所有 LED 在接通后亮起 3s，表示 CSP 正常

睡眠模式见表 7-5。

表 7-5

显示	说明
	LED2 缓慢闪烁 控制器处于睡眠模式
	LED1 缓慢闪烁 控制器从睡眠模式恢复

ProfiNet Ping 状态见表 7-6。

表 7-6

显示	说明
	LED1 = 亮 LED4 缓慢闪烁 LED5 缓慢闪烁 LED6 缓慢闪烁 ProfiNet Ping 被执行

自动运行状态见表 7-7。

表 7-7

显示	说明
	LED1 = 亮 LED3 = 亮 控制系统处于自动运行方式
	LED1 = 亮 控制系统不处于自动运行方式

保养状态见表7-8。

表　7-8

显示	说明
	LED1 = 亮 LED4 缓慢闪烁 LED2；LED3；LED5；LED6 = 熄灭 保养模式处于激活状态（机器人控制系统保养等待处理）

故障状态见表7-9。

表　7-9

显示	说明	补救措施
	LED1 缓慢闪烁 LED4 = 亮 启动设备故障或 BIOS 故障	检查硬盘 HDD/SSD 检查 U 盘 更换计算机
	LED1 缓慢闪烁 LED5 = 亮 Windows 或 PMS 启动时超时	更换硬盘 重新导入映像
	LED1 缓慢闪烁 LED6 = 亮 等待 RTS "运行" 时超时	重新导入映像 进行设置
	LED1 缓慢闪烁 等待 HMI 就绪时超时	—

第 8 章

KUKA 工业机器人控制柜控制单元 CCU

控制柜控制单元 CCU 包含两块电路板：电源管理板 PMB 和控制柜接口板 CIB，如图 8-1 所示。控制柜控制单元 CCU 是机器人控制系统所有组件的配电装置和通信接口。所有数据通过 CCU 的内部通信传输给控制系统继续处理。当电源断电时，控制系统部件接受蓄电池供电，直至位置数据备份完成以及控制系统关闭。CCU 还能够通过负载测试检查蓄电池的充电状态和质量。

控制柜控制单元 CCU 是 KUKA 工业机器人的控制枢纽，本章节将详细介绍 CCU 的电路。

图　8-1

控制柜控制单元 CCU 的接口如图 8-2 所示，说明见表 8-1。

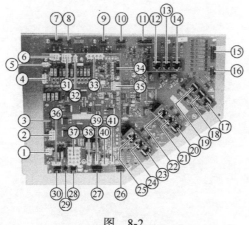

图　8-2

表　8-1

序号	插头	说明
1	X14	外部风扇接口
2	X308	外部电源电压短接
3	X1700	线路板插塞连接
4	X306	示教器 smartPAD 电源
5	X302	安全接口板 SIB 电源
6	X3	KUKA 工业机器人伺服包 KSP 和制动装置
7	X29	电子数据存储器 EDS 接口
8	X30	镇流电阻温度传感器
9	X309	主接触器 1（HSn，HSRn）（选项）
10	X312	负载电压接触器 US2 控制
11	X310	备用（安全输入端 2/3，安全输出端 2/3）
12	X48	SIB 安全接口板（橙色）
13	X31	KPC 控制器总线 KCB（蓝色）
14	X32	KPP 控制器总线 KCB（白色）
15	X311	安全输入端，外部确认装置；控制柜上的急停按钮
16	X28	零点复归测试
17	X43	KUKA 工业机器人服务接口 KSI（绿色）
18	X42	KUKA 工业机器人 smartPAD 操作面板接口（黄色）
19	X41	KUKA 工业机器人系统总线 KSB（红色）
20	X44	KUKA 工业机器人扩展总线 KEB（EtherCAT 接口）（红色）
21	X47	预留（黄色）
22	X46	KUKA 工业机器人系统总线 RoboTeam（绿色）
23	X45	KUKA 工业机器人系统总线 RoboTeam（橙色）
24	X34	控制系统总线 RDC 1（蓝色）
25	X33	控制系统总线 RDC 2（白色）
26	X25	预留

（续）

序号	插头	说明
27	X23	快速测量输入端 1～4
28	X11	主开关的触点信号
29	X26	变压器的热效自动开关
30	X27	冷却器的触点信号
31	X5	客户接口 X55（Switch）上的内部电压
32	X22	选项
33	X4	KPP、KPC 和 PC 风扇的电源电压
34	X307	控制系统操作面板 CSP 电源
35	X12	USB
36	X15	箱柜内部风扇（选项）
37	X1	电源输入，由低压电源供电
38	X301	客户接口上的 US2
39	X6	客户接口上的 US1
40	X305	蓄电池
41	X21	RDC 电源

8.1 控制柜控制单元 CCU 的连接概图

主电源经过主开关 Q1、电源滤波器 K1、断路器 Q3 给低压电源 G2（通过接口 X2）和 KUKA 工业机器人电源包 KPP（通过接口 X4）提供三相交流电源。低压电源 G2 整流出 27V 直流电源，通过控制柜控制单元 CCU 的接口 X1 输入，作为控制柜控制单元 CCU 的直流工作电源。KUKA 工业机器人电源包 KPP 的接口 X7 连接镇流电阻，如图 8-3 所示。

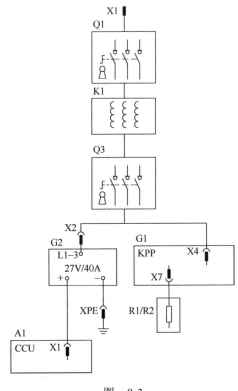

图　8-3

如图8-4所示，控制柜控制单元CCU的接口X4输出27V直流电源，输入KUKA工业机器人电源包KPP的接口X11，作为KUKA工业机器人电源包KPP的工作电源。

控制柜控制单元CCU的接口X3输出27V电源，经过制动滤波器K2，输入KUKA工业机器人电源包KPP的接口X34，作为伺服电动机的制动器抱闸的工作电源。

控制柜控制单元CCU的接口X3输出27V直流电源，输入KUKA工业机器人伺服包KSP的X11接口，作为KSP的工作电源。

控制柜控制单元CCU的接口X4输出27V直流电源，输入KUKA工业机器人计算机组件KPC的X961接口，为KPC提供工作电源；输入KPC的X962接口，控制计算机风扇E3。

控制柜控制单元CCU的接口X11连接主开关的触点信号。

控制柜控制单元CCU的接口X12连接KUKA工业机器人计算机组件KPC的USB口。

控制柜控制单元CCU的接口X14连接外部风扇E2。

KUKA工业机器人控制柜控制单元CCU的接口X21、X34连接控制柜底部的X21接口，实现控制柜控制单元CCU与旋转变压器数字转换器RDC的通信。

控制柜控制单元CCU的接口X29连接电子数据存储器EDS模块。

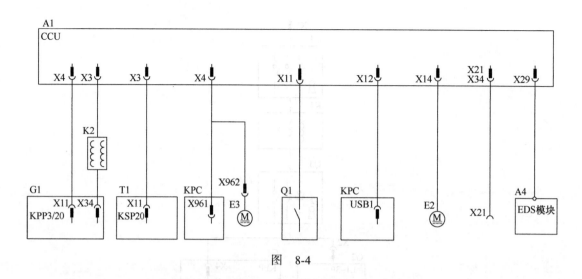

图 8-4

如图 8-5 所示，控制柜控制单元 CCU 的接口 X30 连接温度传感器。KUKA 工业机器人控制柜控制单元 CCU 的接口 X42、X306 连接控制柜的 X19 接口，与示教器进行通信。KUKA 工业机器人控制柜控制单元 CCU 的接口 X305 连接蓄电池。KUKA 工业机器人控制柜控制单元 CCU 的接口 X307 连接接口 X200，与控制系统操作面板 CSP 进行通信。KUKA 工业机器人控制柜控制单元 CCU 的接口 X308 连接外部电源。KUKA 工业机器人控制柜控制单元 CCU 的接口 X311 连接 X11 接口的外部使能信号。

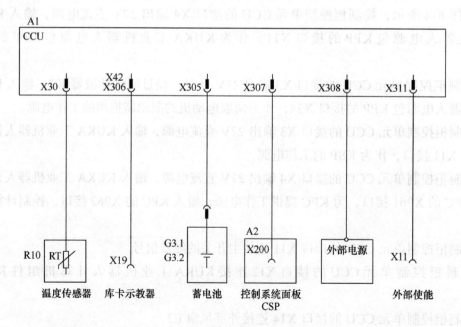

图 8-5

如图 8-6 所示，控制柜控制单元 CCU 的接口 X41 连接 KUKA 工业机器人计算机组件 KPC 的 KSB 接口，通过 X42 连接示教器，通过 X48 连接安全接口板 SIB 的 X258，组成 KUKA 工业机器人系统总线 KSB。

KUKA 工业机器人控制柜控制单元 CCU 的接口 X31 连接 KUKA 工业机器人计算机组件 KPC 的 KCB 接口，通过 X32 连接 KUKA 工业机器人电源包 KPP 的 X21 接口，通过 X34 连接旋转变压器数字转换器 RDC，组成 KUKA 工业机器人控制总线 KCB。

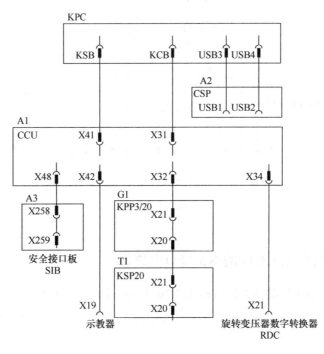

图　8-6

8.2　控制柜控制单元 CCU 的连接电路图

8.2.1　控制柜控制单元 CCU 的 X1 接口

低压电源 G2 整流出 27V 直流电源，通过控制柜控制单元 CCU 的接口 X1 输入，作为 27V 直流电源的输入端，如图 8-7 所示。

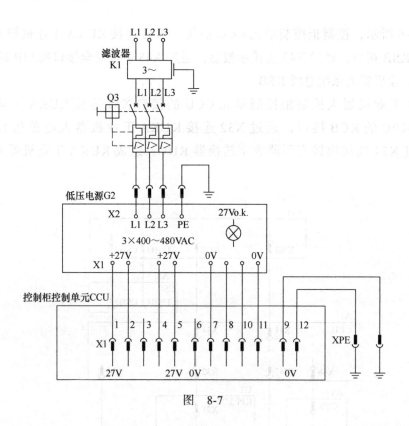

图　8-7

8.2.2　控制柜控制单元 CCU 的 X3 接口电路图

　　控制柜控制单元 CCU 的 X3 接口输出 27V 电源，输入 KUKA 工业机器人伺服包 KSP 的 X11 接口，作为 KSP 的工作电源。对应的熔丝（编号 F3.2、电流 7.5A）起保护作用，如图 8-8 所示。

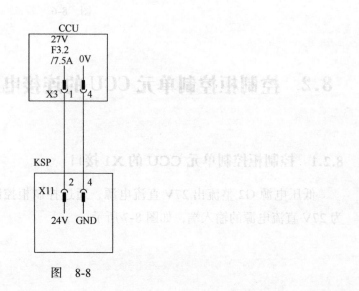

图　8-8

8.2.3 控制柜控制单元CCU的X11、X12、X14接口电路图

X11接口连接主开关的触点信号。X12连接计算机组件KPC的USB接口。X14接口连接外部风扇E2。风扇E2的端子1、4提供工作电源，端子2为转速反馈信号。端子3输出PWM信号，进行转速控制。对应的熔丝（编号F14、电流7.5A）起保护作用。控制柜控制单元CCU的X11、X12、X14接口如图8-9所示。

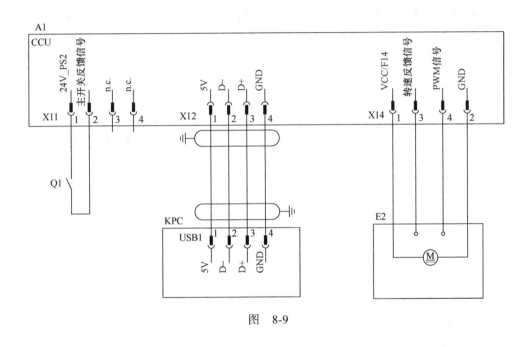

图 8-9

8.2.4 控制柜控制单元CCU的X29、X30、X41接口电路图

控制柜控制单元CCU的X29接口连接电子数据存储器EDS，保存电子型号铭牌及所有安全装置的序列号和从地址。控制柜控制单元CCU的X30接口连接温度传感器R10，监控镇流电阻的温度。控制柜控制单元CCU的X41接口连接KUKA工业机器人计算机组件KPC的KSB接口，组成KUKA工业机器人系统总线KSB，如图8-10所示。

8.2.5 控制柜控制单元CCU的X302、X305、X308接口电路图

控制柜控制单元CCU的X302、X305、X308接口如图8-11所示。控制柜控制单元CCU的X302接口给安全接口板SIB提供27V的直流电源，对应的熔丝（编号F302、电流5A）起保护作用。控制柜控制单元CCU的X305接口连接蓄电池，当电源断电时，控制系统部件接受蓄电池供电，直至位置数据备份完成以及控制系统关闭。控制柜控制单元CCU的X308接口端子1、4分别与端子6、5短接，将内部的24V电源提供给外部使用。对应的熔丝（编号F308、电流7.5A）起保护作用。

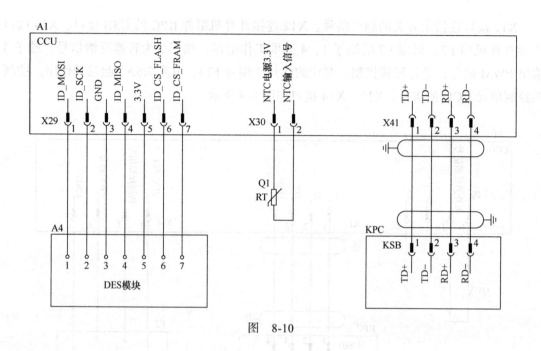

图 8-10

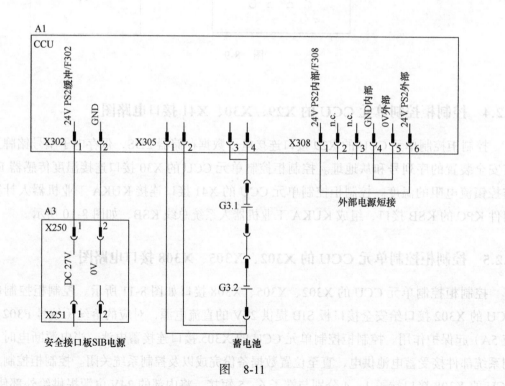

图 8-11

8.2.6 控制柜控制单元CCU的X3、X4接口电路图

控制柜控制单元CCU的X3、X4接口如图8-12所示。CCU的X3接口端子3、6及端子2、5输出27V的制动器电源，经过制动滤波器K2输入KPP的X34接口。对应的熔丝（编号F3.1、电流15A）起保护作用。

控制柜控制单元CCU的X4接口端子1、2输出27V直流电源，输入KUKA工业机器人电源包KPP的X11接口的端子2、4，作为KPP的工作电源，同时作为KUKA工业机器人计算机组件KPC的工作电源。对应的熔丝（编号F4.1、电流10A）起保护作用。

控制柜控制单元CCU的X4接口端子3、2提供27V直流电源，通过KPC的X962接口控制计算机风扇E3。X4接口的端子3接27V，端子2接0V，端子4为风扇转速反馈信号。对应的熔丝（编号为F4.2、规格2A）起保护作用。

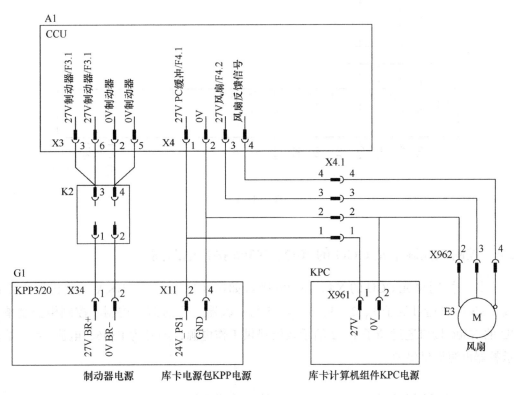

图 8-12

8.2.7 控制柜控制单元CCU的X34、X21接口电路图

控制柜控制单元CCU的X34、X21接口如图8-13所示。控制柜控制单元CCU的X34接口连接到机器人控制柜底部的X21接口，实现CCU与旋转变压器数字转换器

RDC 的通信。

　　CCU 的 X21 接口端子 1、2 为 24V 电源输出接口，为 RDC 提供电源。编号为 F21、电流 3A 的熔丝为 RDC 的电源提供保护。

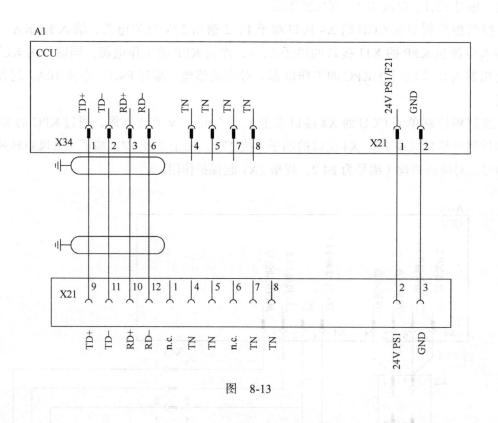

图 8-13

8.2.8　控制柜控制单元 CCU 的 X42、X306 接口电路图

　　控制柜控制单元 CCU 的 X42、X306 接口如图 8-14 所示。KUKA 工业机器人系统总线 KSB 接口通过端子 1、2、3、6、4、5 与示教器进行通信和控制。控制柜控制单元 CCU 的 X306 接口通过端子 1、2 给示教器提供工作电源，编号为 F306、电流 2A 的熔丝为示教器电源提供保护。

8.2.9　控制柜控制单元 CCU 的 X307 接口电路图

　　控制柜控制单元 CCU 的 X307 接口如图 8-15 所示，信号说明见表 8-2。控制柜控制单元 CCU 的 X307 接口与控制系统操作面板 CSP 连接。编号为 F307、电流 2A 的熔丝为控制系统操作面板 CSP 的电源提供保护。

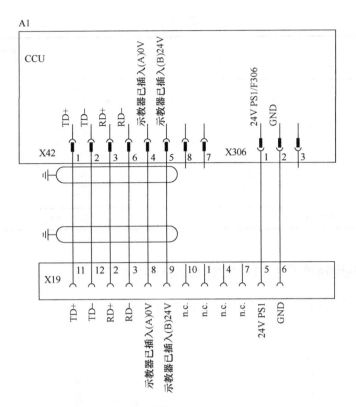

图 8-14

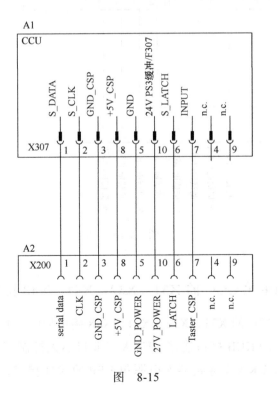

图 8-15

表 8-2

序号	名称	说明
1	S_DATA（serial data）	串行数据
2	S_CLK（CLK）	时钟
3	GND_CSP	0V
8	+5V_CSP	+5V 电源
5	GND_POWER	0V
10	24V PS3（27V_POWER）	+24V 电源
6	S_LATCH（LATCH）	锁存器
7	INPUT（Taster_CSP）	采样输入信号

8.2.10 控制柜控制单元 CCU 的 X311 接口电路图

控制柜控制单元 CCU 的 X311 接口如图 8-16 所示。具体应用请参见图 5-20。

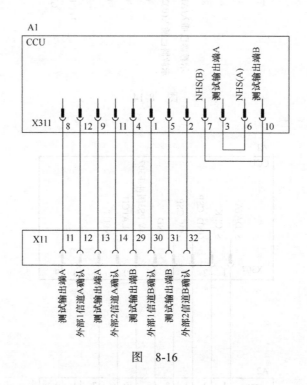

图 8-16

8.2.11 控制柜控制单元 CCU 的 X31、X32、X41、X48 接口电路图

控制柜控制单元 CCU 的 X31、X32、X41、X48 接口如图 8-17 所示。KUKA 工业机器人计算机组件 KPC 的 KCB 接口连接 KUKA 工业机器人控制柜控制单元 CCU 的接口 X31，通过 X32 连接 KUKA 工业机器人电源包 KPP 的 X21 接口，通过 X20 连接 KUKA

工业机器人伺服包 KSP 的 X21 接口，组成 KUKA 工业机器人控制总线 KCB。

KUKA 工业机器人计算机组件 KPC 的 KSB 接口连接控制柜控制单元 CCU 的接口 X41，通过 X48 连接安全接口板 SIB 的 X258，组成 KUKA 工业机器人系统总线 KSB。

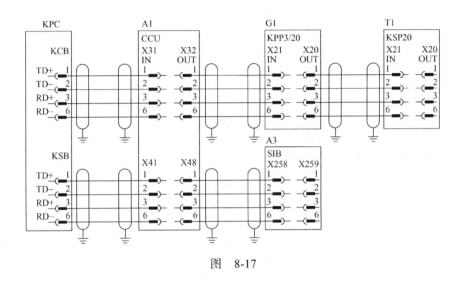

图 8-17

8.3 控制柜控制单元 CCU 的熔丝

控制柜控制单元 CCU 的熔丝位置如图 8-18 所示，说明见表 8-3。

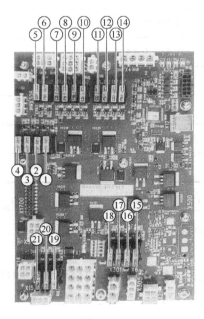

图 8-18

表 8-3

序号	名称	说明	熔丝
1	F17.1	CCU 接触器输出端 1 ～ 4	5A
2	F17.2	CCU 输入端	2A
3	F17.3	CCU 逻辑电路	2A
4	F17.4	CCU 安全输入端	2A
5	F306	示教器 smartPAD 电源	2A
6	F302	SIB 电源	5A
7	F3.2	KPP1 非缓冲式逻辑电路	7.5A
8	F3.1	KPP1 非缓冲式制动	15A
9	F5.2	KPP2 非缓冲式逻辑电路	7.5A
10	F5.1	KPP2 非缓冲式制动	15A
11	F22	配电箱照明（选项）	7.5A
12	F4.1	KPC 缓冲型	10A
13	F4.2	KPC 缓冲式风扇	2A
14	F307	CSP 电源	2A
15	F21	RDC 电源	3A
16	F305	蓄电池供电	15A
17	F6	24V 非缓冲式 US1（选项）	7.5A
18	F301	US2（选项）	10A
19	F15	内部风扇（选项）	2A
20	F14	外部风扇	7.5A
21	F308	缓冲式外部电源的内部供电	7.5A

控制柜控制单元 CCU 进行缓冲式供电的部件有：KUKA 工业机器人电源包 KPP、KUKA 工业机器人示教器 smartPAD、控制系统多核计算机、控制系统操作面板 CSP、旋转变压器数字转换器 RDC。

控制柜控制单元 CCU 进行非缓冲式供电的部件有：KUKA 工业机器人伺服包 KSP、电动机制动装置、外部风扇、客户接口、快速测量输入端。

8.4　控制柜控制单元 CCU 的 LED 指示灯

控制柜控制单元 CCU 的 LED 指示灯位置如图 8-19 所示，说明见表 8-4。

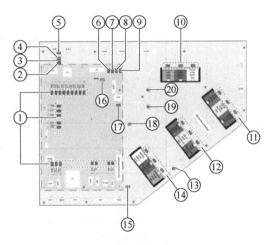

图　8-19

表　8-4

序号	名称	颜色	说明	补救措施
1	熔丝状态指示灯（LED 用于显示熔丝的状态）	红色	亮 = 熔丝损坏	更换已损坏的熔丝
			灭 = 熔丝正常	—
2	PWRS/3.3V	绿色	亮 = 电源存在	—
			灭 = 电源不存在	检查 F17.3 号熔丝 如果 LED PWR/3.3V 亮起，则更换 CCU 组件
3	STAS2（安全节点 B）	橙色	灭 = 电源不存在	检查 F17.3 号熔丝 如果 LED PWR/3.3V 亮起，则更换 CCU 组件
			以 1Hz 闪烁 = 状态正常	—
			以 10Hz 闪烁 = 启动阶段	—
			闪烁 = 错误代码（内部）	检查 X309、X310 和 X312 的接线：将 X309、X310、X312 的接线拔掉，然后将控制系统关机并重新开机进行测试；如果故障仍然存在，则更换设备组件

（续）

序号	名称	颜色	说明	补救措施
4	STAS1（安全节点 A）	橙色	灭 = 电源不存在	检查 F17.3 号熔丝 如果 LED PWR/3.3V 亮起，则更换 CCU 组件
			以 1Hz 闪烁 = 状态正常	—
			以 10Hz 闪烁 = 启动阶段	—
			闪烁 = 错误代码（内部）	检查 X309、X310 和 X312 的接线：将 X309、X310、X312 的接线拔掉，然后将控制系统关机并重新开机进行测试；如果故障仍然存在，则更换 CCU 组件
5	FSoE（EtherCAT 连接的安全协议）	绿色	灭 = 未激活	—
			亮 = 功能就绪	—
			闪烁 = 错误代码（内部）	—
6	27V（主电源的非缓冲电压）	绿色	灭 = 电源不存在	检查 X1 的供电（额定电压 27.1V）
			亮 = 电源存在	—
7	PS1（Power Supply1）电压（短时缓冲）	绿色	灭 = 电源不存在	检查 X1 的供电（额定电压 27.1V）关断驱动总线（Bus Power Off 状态）
			亮 = 电源存在	—
8	PS2（Power Supply2）电压（中时缓冲）	绿色	灭 = 电源不存在	检查 X1 的供电 控制系统处于休眠状态
			亮 = 电源存在	—
9	PS3（Power Supply3）电压（长时缓冲）	绿色	灭 = 电源不存在	检查 X1 的供电
			亮 = 电源存在	—
10	L/A KSB（SIB）	绿色	亮 = 物理连接，网线已插入 灭 = 无物理连接，网线未插入 闪烁 = 线路上正进行数据交换	—
	L/A KCB（KPC）	绿色		
	L/A KCB（KPP）	绿色		
11	L/A	绿色		
	L/A	绿色		
	L/A	绿色		
12	L/A	绿色		
	L/A	绿色		
	L/A	绿色		

（续）

序号	名称	颜色	说明	补救措施
13	PWR/3.3V（CIB 的电压）	绿色	灭 = 电源不存在	检查 F17.3 号熔丝 电桥插头 X308 已存在 检查 F308 号熔丝 通过 X308 进行外部供电时：检查外电源的电压（额定电压 24V）
			亮 = 电源存在	—
14	L/A	绿色	亮 = 有物理连接 灭 = 无物理连接，网线未插好 闪烁 = 线路上正在进行数据交换	—
	L/A	绿色		
	L/A	绿色		
15	STA1（CIB）(μC–IO 节点)	橙色	灭 = 电源不存在	检查 F17.3 号熔丝 如果 LED PWR/3.3V 亮起，则更换 CCU 组件
			以 1Hz 闪烁 = 正常状态	
			以 10Hz 闪烁 = 启动阶段	
			闪烁 = 错误代码（内部）	更换 CCU 组件
16	STA1（PMB）(μC–USB)	橙色	灭 = 电源不存在	检查 X1 的供电 如果 LED PWR/5V 亮起，则更换 CCU 组件
			以 1Hz 闪烁 = 正常状态	—
			以 10Hz 闪烁 = 启动阶段	—
			闪烁 = 错误代码（内部）	更换 CCU 组件
17	PWR/5V（PMB 的供电）	绿色	灭 = 电源不存在	检查 X1 的供电（额定电压 27.1V）
			以 1Hz 闪烁 = 正常状态	—
			以 10Hz 闪烁 = 启动阶段	—
			闪烁 = 错误代码（内部）	
18	STA2（FPGA 节点）	橙色	灭 = 电源不存在	检查 X1 的供电 如果 LED PWR/3.3V 亮起，则更换 CCU 组件
			以 1 Hz 闪烁 = 正常状态	—
			以 10 Hz 闪烁 = 启动阶段	—
			闪烁 = 错误代码（内部）	更换 CCU 组件

（续）

序号	名称	颜色	说明	补救措施
19	RUN SION（EtherCAT 安全节点）	绿色	亮 = 可使用（正常状态）	—
			灭 = 初始化（开机后）	—
			以 2.5Hz 闪烁 = 试运转（启动时的中间状态）	—
			单一信号 = 安全运转	—
			以 10 Hz 闪烁 = 启动（用于固件更新）	—
20	RUN CIB（EtherCAT ATμC-IO 节点）	绿色	亮 = 可使用（正常状态）	—
			灭 = 初始化（开机后）	—
			以 2.5Hz 闪烁 = 试运转（启动时的中间状态）	—
			单一信号 = 安全运转	—
			以 10 Hz 闪烁 = 启动（用于固件更新）	—

第9章 KUKA 紧凑型工业机器人的电路连接和故障诊断方法

KUKA 紧凑型工业机器人是一种小型机器人，电路图中的 sr 是 small robot 的简写，意指小型机器人。

9.1 KUKA 紧凑型工业机器人控制箱的组成

KUKA 紧凑型工业机器人控制箱的组成如图 9-1 所示。

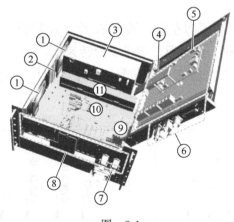

图 9-1

1—风扇　2—硬盘　3—低压电源 G1　4—电子数据存储卡 EDS　5—小型机器人控制柜控制单元 CCUsr
6—在盖中的接口　7—主开关　8—接口　9—可选项　10—主板　11—蓄电池

9.1.1 控制箱风扇

1.控制箱风扇的位置、接口

风扇 E2 的作用是降低机箱的温度，风扇 E1 的作用是降低 CPU 的温度，位置如图 9-2 所示。

图　9-2

控制箱风扇接头如图 9-3 所示。

图　9-3

1—风扇 E2 的连接插头　2—风扇 E1 的主板连接插头

2. 风扇的连接电路图

风扇 E1、E2 安装在控制箱的左侧，风扇 E2 冷却控制箱，风扇 E1 冷却 CPU。风扇 E2 的端子 1、2 提供 27V 的工作电源，端子 3 为转速反馈信号。风扇 E1 的端子 1、2 提供 12V 的工作电源，端子 3 为转速反馈信号，端子 4 输出 PWM 信号，进行转速控制。电路图如图 9-4 所示。

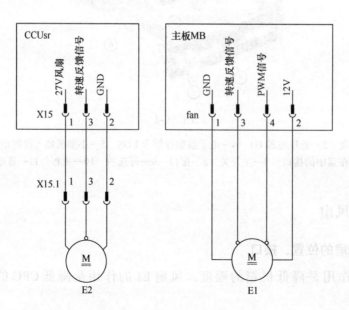

图　9-4

9.1.2　硬盘

硬盘的接线分为硬盘电源线和数据线，如图9-5所示。

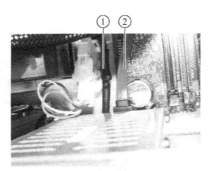

图　9-5

1—硬盘电源线　2—硬盘数据线

低压电源G1通过端子1、2给硬盘提供5V电压，硬盘通过数据线的TD+、TD-、RD+、RD- 端子与主板进行通信，电路图如图9-6所示。

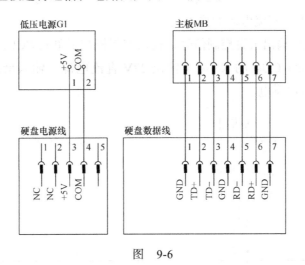

图　9-6

9.1.3　KR C4 紧凑型低压电源 G1

KR C4 紧凑型低压电源的英文简称为KPS27，低压电源输入单相230V的交流电源，输出 +27V 的直流电源。

1. KR C4 紧凑型低压电源接口的作用

低压电源的代号为G1，接口如图9-7所示，说明如下：

主板连接线：连接主板，给主板供电。

X1：交流230V电源的供电输入端。

X4：直流27V电源的输出端。

X5：报警控制信号。

X6：直流 27V 电源的输入端。

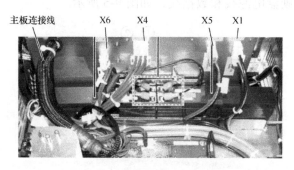

图 9-7

2. KR C4 紧凑型低压电源电路图

KR C4 紧凑型低压电源电路图如图 9-8 所示。单相 230V 交流电源经过滤波器 K1、断路器 Q1 输入低压电源的 X1 接口，作为交流电源的输入端。

低压电源 X4 接口输出 27V 直流电源，输入控制柜控制单元 CCUsr 的 X1 端子，作为控制柜控制单元 CCUsr 直流电源的输入端。

低压电源 X5 接口输出报警控制信号，输入控制柜控制单元 CCUsr 的 X25 端子。

控制柜控制单元 CCUsr 的 X4 端子输出 27V 直流电源，输入低压电源 G1 的 X6 端子，给主板和电源风扇供电。

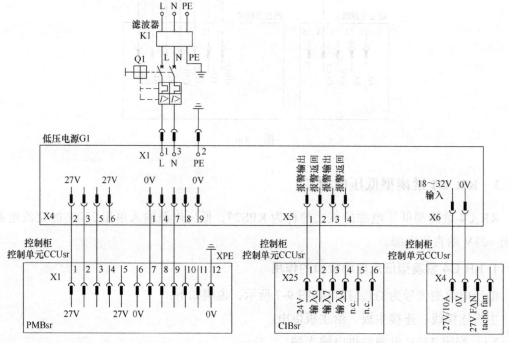

图 9-8

控制柜控制单元CCUsr输入到低压电源G1的X6端子的27V直流电源经过处理后，通过主板连接线给主板提供3.3V、5V、12V电源，给硬盘提供的电压为5V，COM端电压为0V，如图9-9所示。

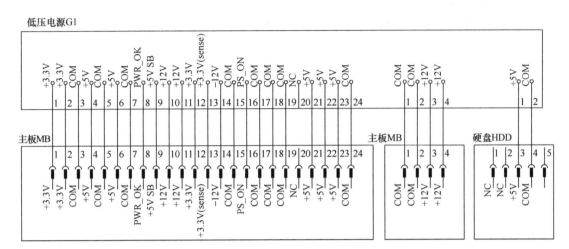

图　9-9

9.1.4　电子数据存储器EDS

电子数据存储器EDS如图9-10所示，电路图如图9-11所示，信号说明请参照表4-10。

图　9-10

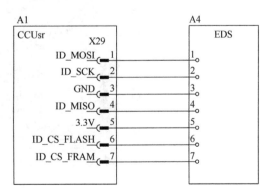

图　9-11

135

9.1.5 主板

1.主板的类型

主板的类型及接口如下：

1）主板 D3076-K 计算机接口如图 9-12 所示。

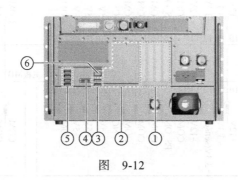

图 9-12

1—现场总线卡插座 1～4　2—现场总线卡挡板　3—两个 USB2.0 端口　4—DVI-I 接口
5—4 个 USB2.0 端口　6—主板内装 LAN 网卡：KUKA 选项网络接口

主板 D3076-K 计算机的组成如图 9-13 所示。

图 9-13

1—风扇 E2　2—硬盘　3—主板连接线　4—风扇 E1　5—主板　6—低压电源 G1 接口　7—低压电源 G1

主板 D3076-K 的主板接口如图 9-14 所示。

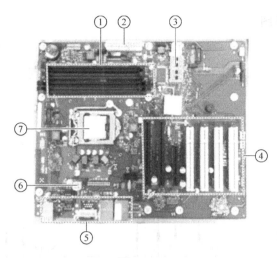

图 9-14

1—存储模块插槽（安装内存条） 2—24 针电源连接器（参照图 9-9） 3—硬盘 SATA 接口
4—PCI 和 PCIe 插槽 5—集成网络、USB 和 DVI–I 的 PC 接口 6—4 针附加插头电源连接器
7—中央处理器 CPU

2）主板 D3236–K 计算机接口如图 9-15 所示。

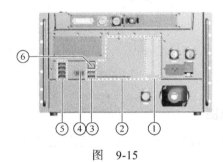

图 9-15

1—现场总线卡插座 1、2 2—现场总线卡挡板 3—两个 USB3.0 端口 4—DVI–I 接口
5—4 个 USB2.0 端口 6—主板内装 LAN 网卡：KUKA 选项网络接口

3）主板 D3445–K 计算机接口如图 9-16 所示。

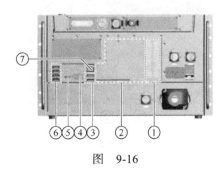

图 9-16

1—现场总线卡插槽 1、2 2—现场总线卡挡板 3—两个 USB3.0 端口 4—DVI–I 接口 5—显示端口
6—4 个 USB2.0 端口 7—主板内装 LAN 网卡：KUKA 选项网络接口

2. 主板的连接电路图

主板的供电如图 9-9 所示。主板的 USB 接口连接控制柜控制单元 CCUsr 的 X12 接口，CPU 风扇 E1 接口连接到主板的风扇接口，硬盘数据线连接到主板的 SATA0 接口，如图 9-17 所示。

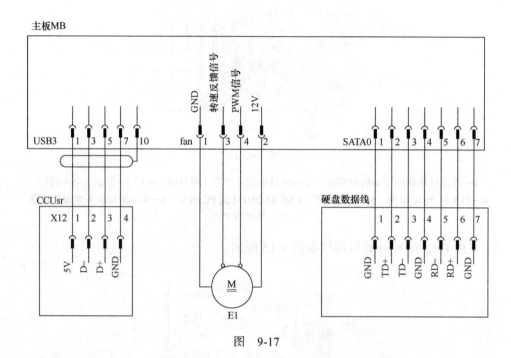

图 9-17

3. 主板的总线连接电路图

KUKA 紧凑型工业机器人的控制总线 KCB、系统总线 KSB、线路接口 KLI 如图 9-18 所示。

图 9-18

1—KUKA 工业机器人控制总线 KCB 接口　2—KUKA 工业机器人系统总线 KSB 接口
3—KUKA 工业机器人线路接口 KLI 接口

KUKA 工业机器人控制总线 KCB 连接主板的 KCB 接口和控制柜控制单元 CCUsr 的 X31 接口，KUKA 工业机器人系统总线 KSB 连接主板的 KSB 接口和控制柜控制单元 CCUsr 的 X41 接口，KUKA 工业机器人线路接口 KLI 连接主板的 KLI 接口和控制柜的 X66 接口，如图 9-19 所示。控制柜的 X66 接口位置请参照图 1-16。

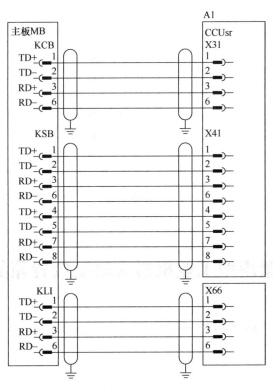

图 9-19

9.1.6 蓄电池

KUKA 紧凑型工业机器人的蓄电池接口如图 9-20 所示，连接电路图如图 9-21 所示。

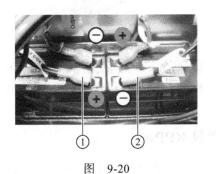

图 9-20

1—蓄电池 G3.2 接口 2—蓄电池 G3.1 接口

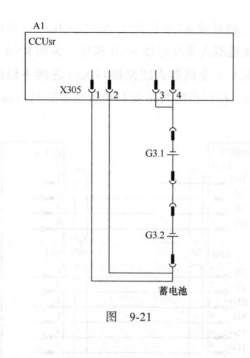

图　9-21

9.2　KUKA 紧凑型工业机器人驱动装置箱的组成

驱动装置箱的组成如图 9-22 所示。

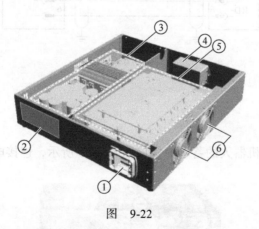

图　9-22

1—电动机插头 X20　2—镇流电阻　3—KUKA 小型机器人电源包 KPPsr　4—电源滤波器
5—KUKA 小型机器人伺服包 KSPsr　6—风扇

9.2.1　驱动装置箱的电源包 KPPsr

驱动装置箱的电源包 KPPsr 将单相电压值为 99 ～ 253V 的交流电整流成直流电，输出 330V 的直流中间回路。直流中间回路给伺服包 KSPsr 供电。KPPsr 的接口及组成如

图 9-23 所示，接口说明见表 9-1。

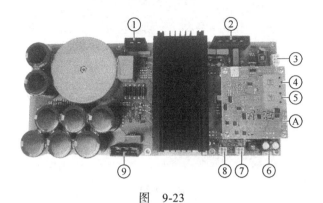

图　9-23

表　9-1

序号	名称	说明
1	X3	镇流电阻接口
2	X1	交流电源供电
3	X4	27V 直流工作电源供电
4	X12	KUKA 工业机器人控制总线 KCB 输出接口
5	X11	KUKA 工业机器人控制总线 KCB 输入接口
6	X6	制动电压输出端
7	X9	内部风扇 1
8	X10	内部风扇 2
9	X2	中间回路电压插口
A	—	EtherCAT 诊断 LED 指示灯

9.2.2　驱动装置箱的伺服包 KSPsr

驱动装置箱的伺服包 KSPsr 将 KPPsr 提供的直流中间回路逆变成交流电，驱动机器人六个轴的伺服电动机。KSPsr 的接口及组成如图 9-24 所示，接口说明见表 9-2。

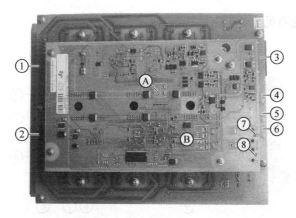

图 9-24

表 9-2

序号	名称	说明
1	X1	控制电动机 A1 ～ A3
2	X2	控制电动机 A4 ～ A6
3	X7	中间回路电压的供电
4	X8	27V 直流工作电源供电
5	X9	制动电压的供电
6	X10	制动器的制动控制装置 轴 1 ～ 3 轴 4 ～ 6
7	X12	KUKA 工业机器人控制总线 KCB 输出接口
8	X11	KUKA 工业机器人控制总线 KCB 输入接口
A	FSOE	FSOE 节点的诊断 LED 指示灯
B	EtherCAT	KCB 连接的诊断 LED 指示灯

9.2.3 KUKA 紧凑型工业机器人驱动装置箱的连接电路图

如图 9-25 所示，交流电源 L、N 通过滤波器 K1、断路器 Q1、滤波器 K2 输入电源包 KPPsr 的 X1 接口，作为交流电源输入端。交流电源由 KPPsr 整流后作为中间回路电压 ZK+，经过 X2 接口输出到伺服包 KSPsr 的 X7 接口。伺服包 KSPsr 将中间回路电压 ZK+ 逆变成交流电，输出到 X1、X2 接口，再通过接口 X20 输出给电动机 M1 ～ M6。

控制柜控制单元 CCUsr 的接口 X32 连接电源包 KPPsr 的 X11 接口，电源包 KPPsr 的

X12 接口连接伺服包 KSPsr 的 X11 接口，组成 KUKA 控制总线 KCB。

控制柜控制单元 CCUsr 的接口 X3 输出 27V 直流电源，输入电源包 KPPsr 的 X4 接口，作为电源包 KPPsr 的工作直流电源和制动电源。此直流电源再输入伺服包 KSPsr 的 X8 接口，作为伺服包 KSPsr 的直流工作电源。

电源包 KPPsr 的 X6 接口输出到伺服包 KSPsr 的 X9 接口，作为制动器电源。

电源包 KPPsr 的 X3 接口连接镇流电阻，用于中间回路电压的充电和放电。

电源包 KPPsr 的 X9、X10 接口连接驱动装置箱的内部风扇 E1、E2。

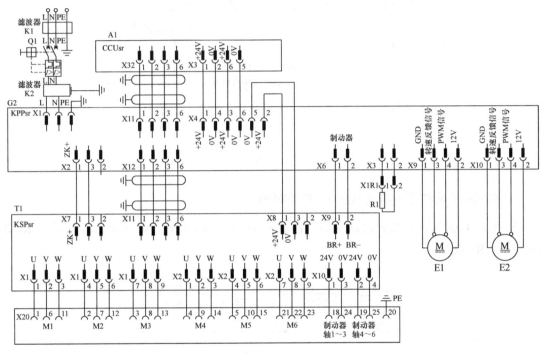

图 9-25

9.3 KUKA 紧凑型工业机器人的控制总线

KUKA 紧凑型工业机器人的控制总线分为 KUKA 工业机器人控制总线 KCB、KUKA 工业机器人系统总线 KSB、KUKA 工业机器人线路接口 KLI、KUKA 工业机器人扩展总线 KEB，各总线的作用与标准柜相同。

KUKA 工业机器人控制总线 KCB、KUKA 工业机器人系统总线 KSB、KUKA 工业机器人线路接口 KLI、KUKA 工业机器人服务接口 KSI、KUKA 工业机器人扩展总线 KEB 的概图如图 9-26 所示。

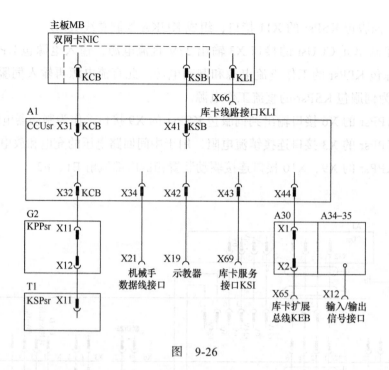

图 9-26

1. KUKA 工业机器人控制总线 KCB 的概图

KUKA 工业机器人控制总线 KCB 连接驱动回路，KUKA 工业机器人控制总线 KCB 的概图如图 9-27 所示。

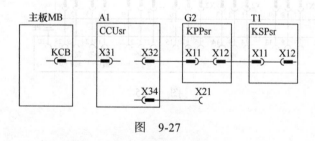

图 9-27

2. KUKA 工业机器人控制总线 KCB 的连接电路图

KUKA 工业机器人控制总线 KCB 的连接电路图如图 9-28、图 9-29 所示。主板的 KCB 接口连接控制柜的 X31 接口，控制柜的 X32 接口连接电源包的 X11 接口，电源包的 X12 连接伺服包的 X11 接口，依次连接，组成 KUKA 工业机器人控制总线 KCB。

控制柜的 X21 为机械手数据线接口，与旋转变压器数字转换器 RDC 进行通信。控制柜的 X34 为通信接口，控制柜的 X6、X21 为旋转变压器数字转换器 RDC 的电源接口。

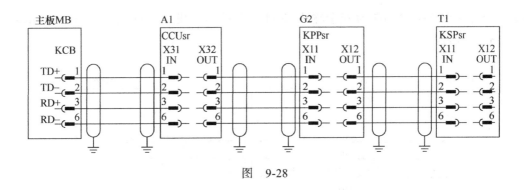

图　9-28

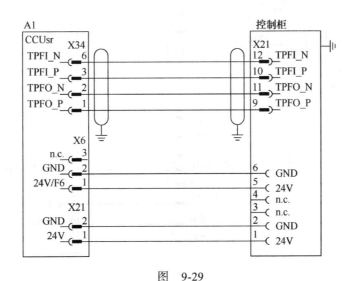

图　9-29

3. KUKA 工业机器人系统总线 KSB 的概图

KUKA 工业机器人系统总线 KSB 的概图如图 9-30 所示。

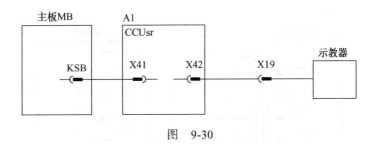

图　9-30

4. KUKA 工业机器人系统总线 KSB 的连接电路图

KUKA 工业机器人系统总线 KSB 连接示教器等部件，KUKA 工业机器人系统总线 KSB 的连接电路图如图 9-31 所示。X41、X42、X19 进行通信，组成 KUKA 工业机器人系统总线 KSB。X407 为安全输入端 11，表示操作设备已插入。X306 作为示教器 smartPAD 的电源。

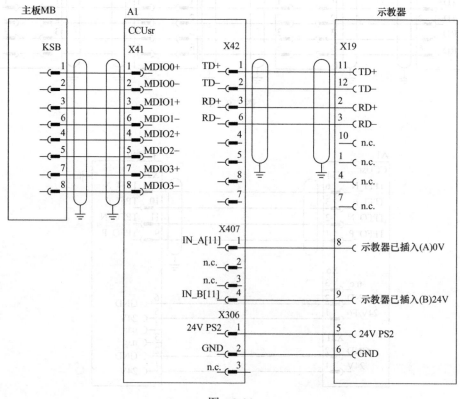

图　9-31

5. KUKA 工业机器人线路接口 KLI 的连接电路图

KUKA 工业机器人线路接口 KLI 连接 PLC、PROFINET/PROFIsafe 现场总线、计算机等，KUKA 工业机器人线路接口 KLI 的连接电路图如图 9-32 所示。

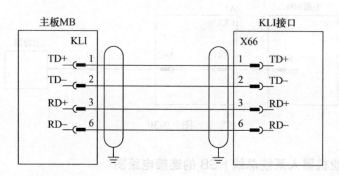

图　9-32

6. KUKA 工业机器人服务接口 KSI 的连接电路图

KUKA 工业机器人服务接口 KSI 连接安装有 WorkVisial 软件的笔记本计算机,进行工业机器人系统的配置和诊断。KUKA 工业机器人服务接口 KSI 的连接电路图如图 9-33 所示。

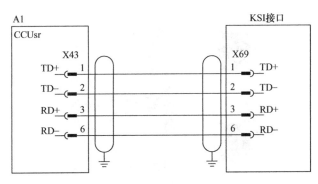

图　9-33

7. KUKA 工业机器人扩展总线 KEB 的连接电路图

KUKA 工业机器人扩展总线 KEB 连接输入 / 输出模块,KUKA 工业机器人扩展总线 KEB 的连接电路图如图 9-34 所示。

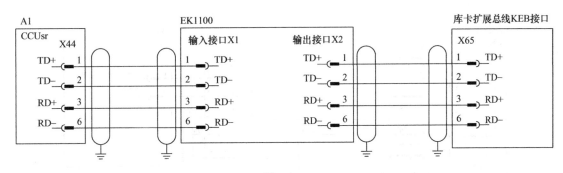

图　9-34

总线耦合器 A30（EK1100）、输入模块 A34（EL1809）、输出模块 A35（EL2809）如图 9-35 所示,电路图如图 9-36 所示。

总线耦合器 EK1100 的端子 1、2、6 连接 24V,端子 5、3、7 连接 0V,端子 4、8 接地。可以通过接口 X55 的端子 5、6 连接外部 24V 的电源。如图 9-36 所示,也可以通过 X55 的端子 7、8 给总线耦合器 EK1100 供电,由控制柜的 X301 接口端子 1、2 提供 24V 电源,将 X55 的端子 7 和 5、8 和 6 分别短接,由 CCUsr 实现内部供电。

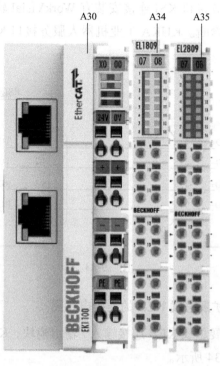

图　9-35

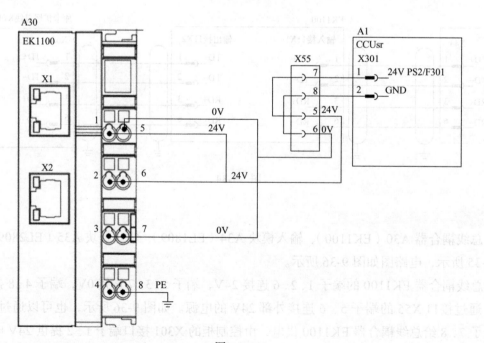

图 9-36

输入模块 EL1809、输出模块 EL2809 的电路图分别如图 9-37、图 9-38 所示。

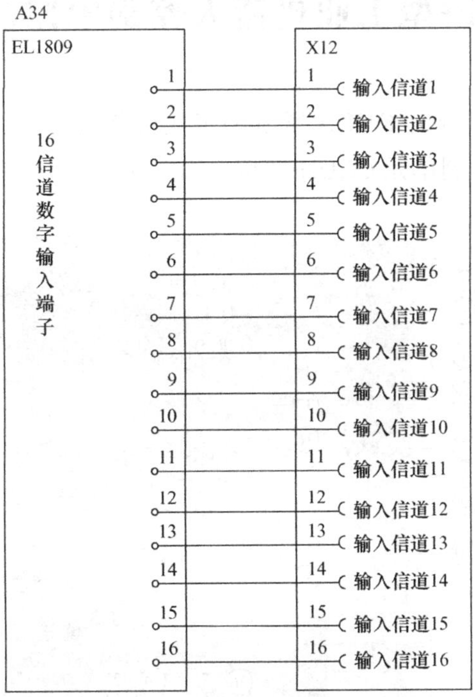

图　9-37

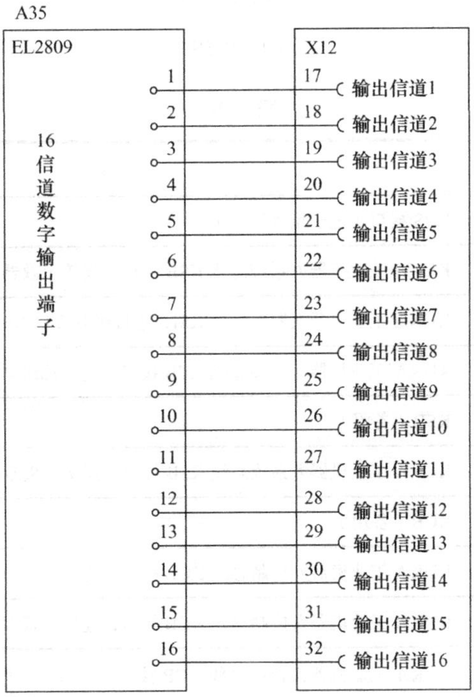

图　9-38

9.4 KUKA 紧凑型工业机器人控制柜控制单元 CCUsr

控制柜控制单元 CCUsr 是 KUKA 紧凑型工业机器人的控制枢纽，本节将详细介绍 CCU 的电路图。控制柜控制单元 CCUsr 的接口如图 9-39 所示，说明见表 9-3。

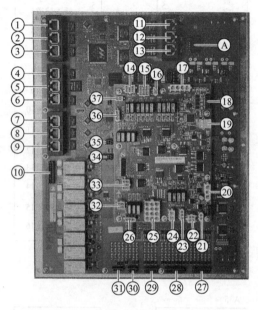

图 9-39

表 9-3

序号	颜色	名称	说明
A	—	—	EDS 接口（电子型号铭牌）
1	橙色	X42	KUKA 工业机器人系统总线 KSB 接口，连接示教器 smartPAD
2	蓝色	X43	KUKA 工业机器人服务接口 KSI，连接服务接口 X69
3	白色	X44	KUKA 工业机器人扩展总线 KEB 接口，连接总线耦合器 EK1100
4	红色	X47	KSB（备用）
5	黄色	X41	KUKA 工业机器人系统总线 KSB 接口，连接主板双工网卡的 KSB 接口
6	绿色	X33	KCB（备用）
7	橙色	X32	KUKA 工业机器人控制总线 KCB 接口，连接电源包 KPPsr 的 X11 接口
8	蓝色	X31	KUKA 工业机器人控制总线 KCB 接口，连接主板双工网卡的 KCB 接口
9	白色	X34	KUKA 工业机器人控制总线 KCB 接口，通过控制柜的 X21 接口连接旋转变压器数字转换器 RDC

（续）

序号	颜色	名称	说明
10	—	X406	与 X11 接口连接，连接安全输出端 12～15
11	绿色	X48	KSB（备用）
12	黄色	X46	KUKA 工业机器人系统总线 KSB 接口，连接机器人组 RobotTeam
13	红色	X45	KUKA 工业机器人系统总线 KSB 接口，连接机器人组 RobotTeam
14	—	X3	连接电源包 KPPsr 的 27V 制动电源接口 X4
15	—	X5	27V 供电（选项）
16	—	X22	27V 供电（选项）
17	—	X4	连接低压电源 G1 的 X6 接口，给主板和电源风扇供电
18	—	X307	未使用（27V）
19	—	X12/USB	主板的蓄电池管理器 /USB 管理接口
20	—	X501	未使用
21	—	X21	旋转变压器数字转换器 RDC 的 27V 供电电源
22	—	X305	蓄电池供电接口
23	—	X6	连接控制柜的 X21 接口，作为 KUKA 工业机器人控制总线 KCB 的 27V 供电电源
24	—	X301	预留接口，提供 27V 非缓冲式电源
25	—	X1	27V 电源接口，电源由低压电源 G1（KPS27）提供
26	—	X15	电源风扇供电
27	—	X402	安全输入端 1～3
28	—	X403	安全输入端 4～7
29	—	X404	安全输入端 8～9
30	—	X401	零点标定参考点开关
31	—	X407	连接 X19 接口，与示教器 smartPAD 相连，安全输入端 11，操作设备已插入
32	—	X14	外部风扇供电
33	—	X308	外部供电跳线
34	—	X405	安全接触器输出端 10，单信道输入端 10
35	—	X11	主开关辅助触点的跳线（未使用）
36	—	X306	连接 X19 接口，作为示教器 smartPAD 的电源
37	—	X302	I/O 缓冲式电路板（选项）供电

9.4.1 KUKA 紧凑型工业机器人控制柜控制单元 CCUsr 的电源概图

KUKA 紧凑型工业机器人控制柜控制单元 CCUsr 的电源概图如图 9-40 所示。低压电源 G1 的 X4 接口连接控制柜控制单元 CCUsr 的 X1 接口，输入控制柜控制单元 CCUsr 直流工作电源。低压电源 G1 的 X5 接口连接控制柜控制单元 CCUsr 的 X25 接口，低压电源工作正常的信号触点输出到控制柜控制单元 CCUsr，进行控制和报警处理。

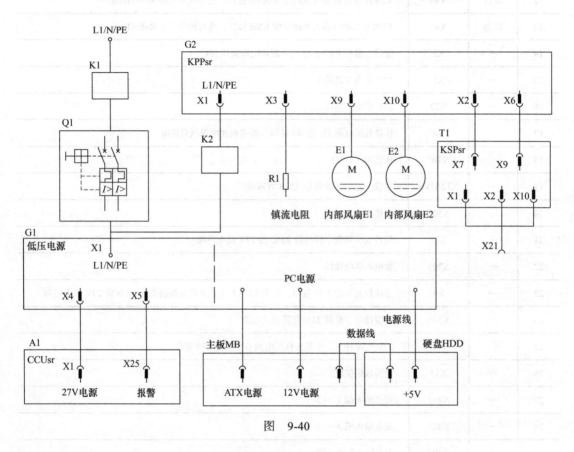

图　9-40

9.4.2 KUKA 紧凑型工业机器人控制柜控制单元 CCUsr 的连接概图

KUKA 紧凑型工业机器人控制柜控制单元 CCUsr 的连接概图如图 9-41、图 9-42 所示。

9.4.3 KUKA 紧凑型工业机器人控制柜控制单元 CCUsr 的 X4、X12、X15、X29、X308 连接电路图

如图 9-43 所示，控制柜控制单元 CCUsr 的 X4 输出 27V 直流电源，输入低压电源 G1 的 X6 接口，作为主板和电源风扇的电源。

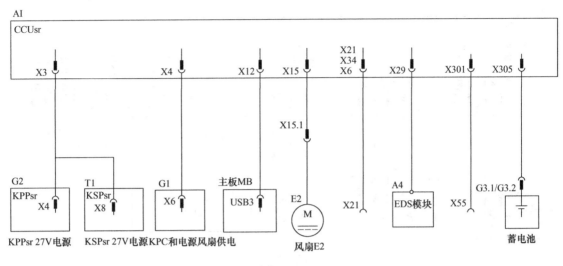

图　9-41

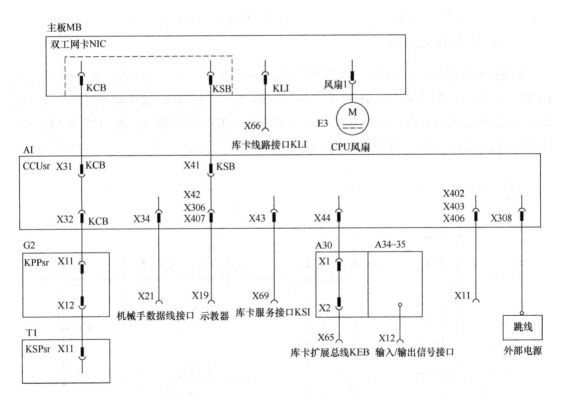

图　9-42

主板的 USB3 连接控制柜控制单元 CCUsr 的 X12 接口，实现 USB 管理。控制柜控制单元 CCUsr 的 X15 接口连接风扇 E2，冷却 CPU。控制柜控制单元 CCUsr 的 X29 接口连接电子数据存储器 EDS。控制柜控制单元 CCUsr 的 X308 接口端子 1、6 和端子 4、5 短接，可以由内部供电。

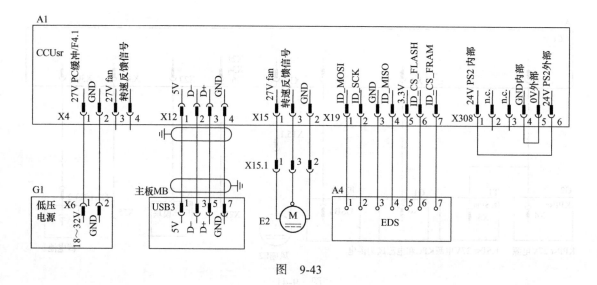

图　9-43

9.4.4 KUKA 紧凑型工业机器人控制柜控制单元 CCUsr 的 X32、X43、X301、X305 连接电路图

控制柜控制单元 CCUsr 的 X32 连接 KPPsr 的 X11 接口，组成 KUKA 控制总线 KCB。控制柜控制单元 CCUsr 的 X43 连接 X69 接口，组成 KUKA 服务接口 KSI。控制柜控制单元 CCUsr 的 X301 接口给总线耦合器 EK1100 及输入 / 输出模块 EL1809、EL2809 提供电源。控制柜控制单元 CCUsr 的 X305 接口连接蓄电池，如图 9-44 所示。

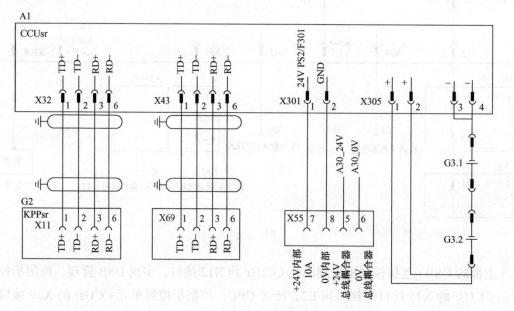

图　9-44

9.4.5　KUKA 紧凑型工业机器人控制柜控制单元 CCUsr 的 X3、X21、X6、X34 连接电路图

如图 9-45 所示，控制柜控制单元 CCUsr 的 X3 接口连接电源包 KPPsr 的 X4 接口，给电源包 KPPsr 提供工作电源和制动器电源，另外通过伺服包 KSPsr 的 X8 接口提供伺服包 KSPsr 的工作电源。控制柜控制单元 CCUsr 的 X21 接口提供旋转变压器数字转换器 RDC 的工作电源。控制柜控制单元 CCUsr 的 X6 接口提供 KUKA 工业机器人控制总线 KCB 的电源。控制柜控制单元 CCUsr 的 X34 接口组成 KUKA 控制总线 KCB，实现控制柜控制单元 CCUsr 与旋转变压器数字转换器 RDC 的通信。

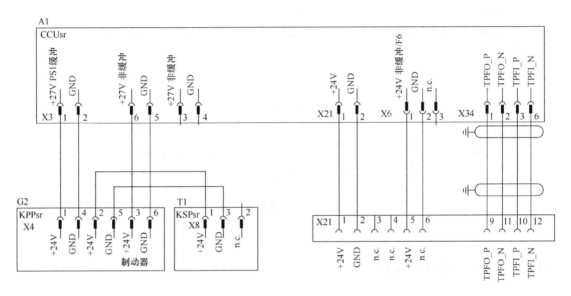

图　9-45

9.4.6　KUKA 紧凑型工业机器人控制柜控制单元 CCUsr 的 X31、X41、X42、X407、X306 连接电路图

如图 9-46 所示，控制柜控制单元 CCUsr 的 X41、X42、X407 接口与示教器的 X19 接口组成 KUKA 系统总线 KSB，实现通信功能。控制柜控制单元 CCUsr 的 X306 接口给示教器提供电源。控制柜控制单元 CCUsr 的 X31 接口组成 KUKA 控制总线 KCB。

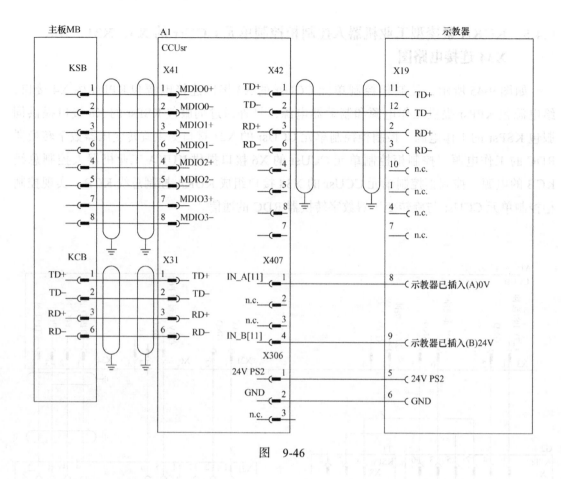

图　9-46

9.5　安全接口 X11

KUKA 紧凑型工业机器人的接口 X11 是一个带多点连接器的 50 针 D–Sub、IP67 插头，如图 9-47 所示。

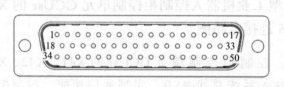

图　9-47

9.5.1　安全接口 X11 与控制柜控制单元 CCUsr 的 X402、X403、X406 连接电路图

安全接口 X11 与控制柜控制单元 CCUsr 的 X402、X403、X406 连接电路图如图 9-48 所示，说明见表 9-4。

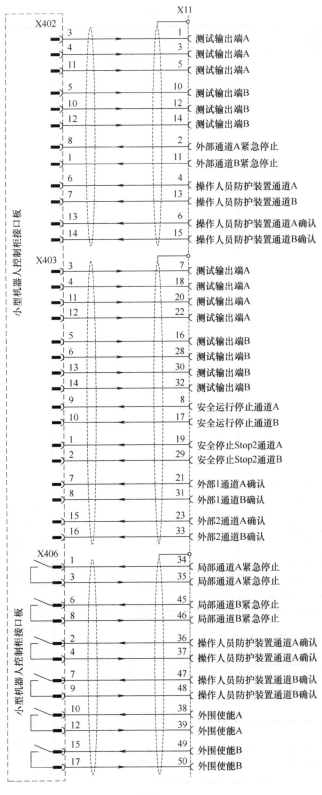

图　9-48

表 9-4

针脚	名称	说明	备注
1	测试输出端A	向信道A的每个接口输入端提供脉冲电压	—
3			
5			
7			
18			
20			
22			
10	测试输出端B	向信道B的每个接口输入端提供脉冲电压	—
12			
14			
16			
28			
30			
32			
2	外部紧急停止信道A	紧急停止，双信道输入端，最大24V	在机器人控制系统中触发紧急停止功能
11	外部紧急停止信道B		
4	操作人员防护装置信道A	用于安全门限位开关（安全门锁）的双信道连接，最大24V	只要该信号处于连接状态就可以驱动装置，仅在自动模式下有效
13	操作人员防护装置信道B		
6	确认操作人员防护装置信道A	用于连接带有无电势触点的、确认操作人员防护装置的双信道输入端	可通过KUKA系统软件配置确认操作人员防护装置输入端的行为 在关闭安全门（操作人员防护装置）后，可在自动运行方式下，在防护门外面用确认键接通机械手运行
15	确认操作人员防护装置信道B		
8	安全运行停止信道A	各轴的安全运行停止输入端	激活停机监控。超出停机监控范围时导入停机0
17	安全运行停止信道B		

（续）

针脚	名称	说明	备注
19	安全停止 Stop2 信道 A	安全停止 Stop2（所有轴）输入端	各轴停机时触发安全停止 2 并激活停机监控超出停机监控范围时导入停机 0
29	安全停止 Stop2 信道 B		
21	外部 1 信道 A 确认	用于连接外部带有无电势触点的双信道确认开关 1	如果未连接外部确认开关 1，则必须短接信道 A 的针脚 20/21 和信道针脚 30/31。仅在测试运行方式下有效
31	外部 1 信道 B 确认		
23	外部 2 信道 A 确认	用于连接外部带有无电势触点的双通道确认开关 2	如果未连接外部确认开关 2，则必须短接信道 A 的针脚 22/23 和信道针脚 32/33。仅在测试运行方式下有效
33	外部 2 信道 B 确认		
34	局部紧急停止信道 A	输出端，内部紧急停止的无电势触点	满足以下条件触点闭合：smartPAD 上紧急停止未操作；控制系统已接通并准备就绪。如有条件未满足，则触点打开
35			
45	局部紧急停止信道 B		
46			
36	确认操作人员防护装置信道 A	输出端，接口 1 确认操作人员防护装置无电势触点	将确认操作人员防护装置的输入信号转接至在同一护栏上的其他机器人控制系统
37		输出端，接口 2 确认操作人员防护装置无电势触点	
47	确认操作人员防护装置信道 B	输出端，接口 1 确认操作人员防护装置无电势触点	
48		输出端，接口 2 确认操作人员防护装置无电势触点	
38	信道 A 的外围使能信号（Peri enabled A）	输出端，无电势触点	—
39		输出端，无电势触点	
49	信道 B 的外围使能信号（Peri enabled B）	输出端，无电势触点	—
50		输出端，无电势触点	

9.5.2 安全接口 X11 外部急停按钮的连接电路图

外部急停按钮连接到 X11 的 1、2 和 10、11 针脚。急停按钮闭合后，X11 的 34、35 和 45、46 针脚导通，作为外部急停按钮闭合的输出信号，如图 9-49 所示。

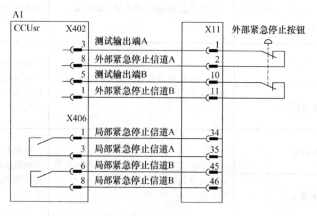

图 9-49

9.5.3 安全接口 X11 安全门限位开关的连接电路图

如图 9-50 所示，安全门限位开关（安全门锁）连接到 X11 的 3、4 和 12、13 针脚。安全门限位开关闭合后，X406 的开关 2、4 和 7、9 闭合，对应 X11 的针脚 36、37 和 47、48 导通，操作人员防护装置信号灯点亮。

安全门限位开关打开后，要使工业机器人重新正常运行，首先需要安全门限位开关闭合，另外需要操作人员将防护装置确认键按下，使针脚 5、6 和 14、15 闭合。

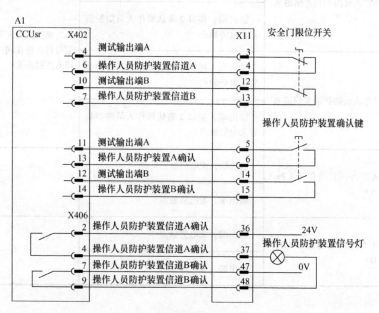

图 9-50

9.5.4　安全接口 X11 外部确认开关的连接

如果设备很大且不方便操控，需要利用接口 X11 加设一个外部确认机制，如图 9-51 所示。如果没有外部确认机制，必须短接 X11 的针脚 20—21、30—31、22—23 和 32—33。确认开关的作用与 KUKA 标准型工业机器人相同，请参照 5.3.3 节。

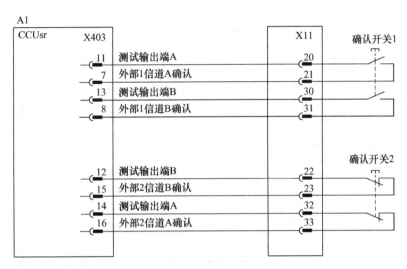

图　9-51

9.6　控制柜控制单元 CCUsr 的熔丝

控制柜控制单元 CCUsr 的熔丝位置如图 9-52 所示，说明见表 9-5。

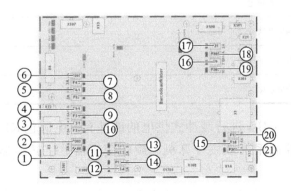

图　9-52

表 9-5

序号	名称	说明	熔丝
1	F306	示教器 smartPAD 电源	2 A
2	F302	I/O 电路板供电（可选项）	5 A
3	F3.1	非缓冲式电源包 KPPsr 和伺服包 KSPsr 制动器	15 A
4	F5.1	用于非缓冲型的 24V（可选项）	15 A
5	F4.1	KPC 缓冲型	10 A
6	F307	UL 灯（可选项）	2 A
7	F4.2	用于风扇的 24V 缓冲型	2 A
8	F22	24V 非缓冲型（可选项）	7.5 A
9	F5.2	用于风扇的 24V 缓冲型	7.5 A
10	F3.2	非缓冲式 KPPsr 和 KSPsr 逻辑电路	7.5 A
11	F17.2	控制柜控制单元 CCUsr 输入端	2 A
12	F17.4	控制柜控制单元 CCUsr 安全输入端和继电器	2 A
13	F17.1	控制柜控制单元 CCUsr 接触器输出端 1 ~ 4	5 A
14	F17.3	控制柜控制单元 CCUsr 逻辑电路	2 A
15	F14	外部风扇（可选项）	7.5 A
16	F6	I/O 电路板供电（可选项）	7.5 A
17	F21	RDC 电源	3 A
18	F305	蓄电池供电	15 A
19	F301	24V 非缓冲型（可选项）	10 A
20	F15	低压电源风扇	2 A
21	F308	外部供电	7.5 A

控制柜控制单元 CCUsr 进行缓冲式供电的部件有：电源包 KPPsr、伺服包 KSPsr、KUKA smartPAD、控制系统多核计算机、旋转变压器数字转换器 RDC，选项：现场总线。

控制柜控制单元 CCUsr 进行非缓冲式供电的部件有：电动机制动装置、风扇、客户接口、快速测量输入端。

9.7　控制柜控制单元CCUsr的LED指示灯

控制柜控制单元CCUsr的LED指示灯位置如图9-53所示，说明见表9-6。

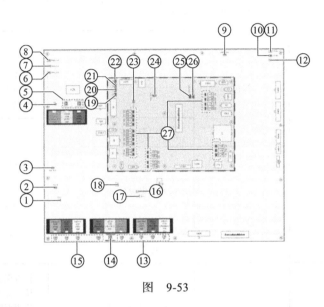

图　9-53

表　9-6

序号	名称	颜色	说明	补救措施
1	PHY4	绿色	亮 = OK	—
			闪烁 = OK	—
			灭 = 故障	更换 CCUsr 设备组件
2	SW_P0	绿色	亮 = OK	—
			闪烁 = OK	—
			灭 = 故障	更换 CCUsr 设备组件
3	RUN SION（EtherCAT 安全节点）	绿色	亮 = 可使用（正常状态）	—
			灭 = 初始化（开机后）	—
			以 2.5Hz 闪烁 = 试运转（启动时的中间状态）	—
			单一信号 = 安全运转	—
			以 10Hz 闪烁 = 启动（用于固件更新）	—

（续）

序号	名称	颜色	说明	补救措施
4	L/A（KSB）	绿色	亮＝物理连接，网线已插入 灭＝无物理连接，网线未插入 闪烁＝线路上正在进行数据交换	—
5	L/A（KSB KPC-MC）	绿色（100Mbit） 橙色（1Gbit）		
6	PWR/3.3V （CIBsr 的电压）	绿色	灭＝无电源存在	检查保险装置 F17.3 桥式插头 X308 已存在 检查保险装置 F308 通过 X308 接受外电源时：检查外电源的电压（额定电压 24V）
			亮＝电源存在	—
7	PWR/2.5V （CIBsr 的电压）	绿色	灭＝无电源存在	检查保险装置 F17.3 桥式插头 X308 已存在 检查保险装置 F308 通过 X308 接受外电源时：检查外电源的电压（额定电压 24V）
			亮＝电源存在	—
8	PWR/1.2V （CIBsr 的电压）	绿色	灭＝无电源存在	检查保险装置 F17.3 桥式插头 X308 已存在 检查保险装置 F308 通过 X308 接受外电源时：检查外电源的电压（额定电压 24V）
			亮＝电源存在	—
9	PWRS/3.3V	绿色	亮＝电源存在	
			灭＝无电源存在	检查保险装置 F17.3 如果 LED PWR/3.3V 亮起，则更换 CCUsr 设备组件
10	STAS2（安全节点 B）	橙色	灭＝无电源存在	检查保险装置 F17.3 如果 LED PWR/3.3V 亮起，则更换 CCUsr 设备组件
			以 1Hz 闪烁＝状态正常	—
			以 10Hz 闪烁＝启动阶段	—
			闪烁＝错误代码（内部）	检查 X309、X310 和 X312 的接线：为了测试，将 X309、X310、X312 的接线拔掉，然后关闭并重新开机，接通控制系统。如果故障仍然存在，则更换组件

（续）

序号	名称	颜色	说明	补救措施
11	STAS1 （安全节点A）	橙色	灭＝无电源存在	检查保险装置F17.3 如果LED PWR/3.3V亮起，则更换CCUsr设备组件
			以1Hz闪烁＝状态正常	—
			以10Hz闪烁＝启动阶段	—
			闪烁＝错误代码（内部）	检查X309、X310和X312的接线：为了测试，将X309、X310、X312的接线拔掉，然后关闭并重新开机，接通控制系统。如果故障仍然存在，则更换组件
12	FSoE（EtherCAT连接的安全协议）	绿色	灭＝未激活	—
			亮＝功能就绪	—
			闪烁＝错误代码（内部）	—
13	L/A（KCB）	绿色	亮＝有物理连接 灭＝无物理连接，网线未插好 闪烁＝线路上正进行数据交换	—
14	KSB （smartPAD_MC）	绿色 100Mbit		
		橙色 1Gbit		
15	L/A（KSB）	绿色		
16	RUN（CIBsr） （EtherCAT ATμC-IO节点）	绿色	亮＝可使用（正常状态）	—
			灭＝初始化（开机后）	—
			以2.5Hz闪烁＝试运转（启动时的中间状态）	—
			单一信号＝安全运转	—
			10Hz＝启动 （用于固件更新）	—
17	STA1（CIBsr） （μC-IO节点）	橙色	灭＝无电源存在	检查保险装置F17.3 如果LED PWR/3.3V亮起，则更换CCUsr设备组件
			以1Hz闪烁＝状态正常	—
			以10Hz闪烁＝启动阶段	—
			闪烁＝错误代码（内部）	更换CCUsr设备组件

（续）

序号	名称	颜色	说明	补救措施
18	STA2（FPGA 节点）	橙色	灭 = 无电源存在	检查 X1 的供电 如果 LED PWR/3.3V 亮起，则更换 CCUsr 设备组件
			以 1Hz 闪烁 = 状态正常	—
			以 10Hz 闪烁 = 启动阶段	—
			闪烁 = 错误代码（内部）	更换 CCUsr 设备组件
19	27V（主电源的非缓冲电压）	绿色	灭 = 无电源存在	检查 X1 的供电（额定电压 27.1V）
			亮 = 电源存在	—
20	PS1（Power Supply1 电压）（短时缓冲）	绿色	灭 = 无电源存在	检查 X1 的供电（额定电压 27.1V） 关断驱动总线 （Bus Power Off 状态）
			亮 = 电源存在	—
21	PS2（Power Supply2 电压）（中时缓冲）	绿色	灭 = 无电源存在	检查 X1 的供电 控制系统处于休眠状态
			亮 = 电源存在	—
22	PS3（Power Supply3 电压）（长时缓冲）	绿色	灭 = 无电源存在	亮 = 电源存在
			亮 = 电源存在	—
23	STA1（PMBsr）（μC–USB）	橙色	灭 = 无电源存在	检查 X1 的供电 如果 LED PWR/5V 亮起，则更换 CCUsr 设备组件
			以 1 Hz 闪烁 = 状态正常	—
			以 10 Hz 闪烁 = 启动阶段	—
			闪烁 = 错误代码（内部）	更换 CCUsr 设备组件

（续）

序号	名称	颜色	说明	补救措施
24	PWR/5V（PMBsr 的供电）	绿色	灭 = 无电源存在	检查 X1 的供电（额定电压 27.1V）
			以 1Hz 闪烁 = 状态正常	—
			以 10Hz 闪烁 = 启动阶段	—
			闪烁 = 错误代码（内部）	—
25	—	—	未使用	—
26	—	—	未使用	—
27	保险装置状态 LED 指示灯	红色	亮 = 保险装置损坏	更换已损坏的保险装置
			灭 = 保险装置正常	—

第10章 KUKA 工业机器人与 PLC 的通信

PROFINET 是 Process Field Net 的简称。PROFINET 基于工业以太网技术，使用 TCP/IP 和 IT 标准，根据设备名字进行寻址。也就是说，需要给设备分配名字和 IP 地址。

10.1 KUKA 工业机器人与西门子 PLC 的 PROFINET 通信

KUKA 工业机器人与 PLC 进行 PROFINET 通信时需要安装相应的软件。KUKA 工业机器人作为主站（KUKA.PROFINET Controller）时，安装软件名称为 PROFINET KRC-Nexxt，包含工业以太网输入 / 输出控制器、工业以太网输入 / 输出设备、PROFIsafe 设备等功能。KUKA 工业机器人作为从站（KUKA.PROFINET Device）时，安装软件名称为 PROFINET PROFIsafe Device，包含工业以太网输入 / 输出设备、PROFIsafe 等功能。

PROFINET 通信软件包需要向 KUKA 公司购买，然后安装到 KUKA 工业机器人的控制器中，可以通过保存 PROFINET 通信软件包的 U 盘向 KUKA 工业机器人的控制器进行安装。该软件包也需要安装到 WorkVisual 软件中，进行 PROFINET 总线的配置。如果 KUKA 工业机器人的控制器已安装此软件包，可以通过 U 盘复制出来，然后安装到 WorkVisual 软件中。

KUKA 工业机器人与西门子 PLC 的 PROFINET 通信可以通过交换机进行。图 10-1 所示为交换机 SCALANCEX208。交换机的网口连接到 KUKA 工业机器人的 KLI 接口，如图 10-2 所示，交换机的其余网口连接 PLC 和计算机。

本例中采用西门子 PLC-1215C 作为主站，KUKA 工业机器人作为从站，需要在 KUKA 工业机器人的控制器和 WorkVisual 软件中安装 PROFINET KRC-Nexxt 3.2 版本的软件包。

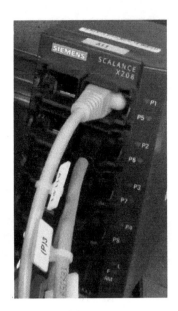

图　10-1

图　10-2

10.1.1　PLC 配置

1）PLC 配置前的准备工作。首先需要将 KUKA 工业机器人的 GSDML 配置文件安装到 PLC 组态软件中。

打开 WorkVisual 软件包，打开"DeviceDescriptions"文件夹，找到 GSDML 文件，将 GSDML-V2.31-KUKA-KRC4-ProfiNet_3.2-20140908 复制出来，如图 10-3 ～图 10-5 所示。**注意**：GSDML 文件的版本号与 KUKA 工业机器人 PROFINET 通信软件包的版本要一致，本例选择为 3.2 版本。

名称	修改日期	类型	大小
DDDSource	2020-07-07 14:59	文件夹	
DeviceDescriptions	2022-06-08 13:44	文件夹	
DOC	2022-06-08 13:44	文件夹	
DotNetFX461	2020-07-07 14:59	文件夹	
DotNetFX461LanguagePack	2022-06-08 13:44	文件夹	
LICENSE	2020-07-07 14:57	文件夹	
Prerequisites	2020-07-07 14:59	文件夹	
Tools	2020-07-07 14:59	文件夹	
WindowsInstaller3_1	2020-07-07 14:59	文件夹	
WindowsInstaller4_5	2020-07-07 14:59	文件夹	
WinPcap	2022-06-08 13:44	文件夹	
ReleaseNotes	2020-07-07 12:50	文本文档	57 KB
setup	2020-07-07 12:59	应用程序	807 KB
WorkVisualSetup	2020-07-07 13:21	Windows Install...	236,559 KB

图 10-3

名称	修改日期	类型
EDS	2022-06-08 13:44	文件夹
ESI	2022-06-08 13:44	文件夹
ESISec	2022-06-08 13:44	文件夹
GSD	2022-06-08 13:44	文件夹
GSDML	2022-06-08 13:44	文件夹

图 10-4

名称	修改日期	类型	大小
GSDML-019B-0300-KRC	2020-07-07 12:50	BMP 文件	38 KB
GSDML-019B-0301-VKRC	2020-07-07 12:50	BMP 文件	38 KB
GSDML-019B-0400-MCON3080-AK	2020-07-07 12:50	BMP 文件	9 KB
GSDML-V2.25-KUKA-Roboter-GmbH-KR C4-Device-V1.0-20121030	2020-07-07 12:50	XML 文档	105 KB
GSDML-V2.25-KUKARoboterGmbH-KUKARobotController-20130808	2020-07-07 12:50	XML 文档	101 KB
GSDML-V2.25-KUKA-Roboter-GmbH-VKR C4-Device-V1.0-20121030	2020-07-07 12:50	XML 文档	105 KB
GSDML-V2.25-KUKARoboterGmbH-V-KUKARobotController-201308...	2020-07-07 12:50	XML 文档	101 KB
GSDML-V2.31-KUKA-KRC4-ProfiNet_2.3-20140704	2020-07-07 12:50	XML 文档	99 KB
GSDML-V2.31-KUKA-KRC4-ProfiNet_3.2-20140908	2020-07-07 12:50	XML 文档	99 KB
GSDML-V2.31-KUKA-MCON3080-20141205	2020-07-07 12:50	XML 文档	30 KB
GSDML-V2.31-KUKA-VKRC4-ProfiNet_2.3-20140704	2020-07-07 12:50	XML 文档	99 KB
GSDML-V2.31-KUKA-VKRC4-ProfiNet_3.2-20140908	2020-07-07 12:50	XML 文档	99 KB
GSDML-V2.32-KUKA-KRC4-ProfiNet_3.3-20170131	2020-07-07 12:50	XML 文档	178 KB
GSDML-V2.32-KUKA-KRC4-ProfiNet_4.0-20170412	2020-07-07 12:50	XML 文档	178 KB
GSDML-V2.32-KUKA-VKRC4-ProfiNet_3.3-20170131	2020-07-07 12:50	XML 文档	178 KB
GSDML-V2.33-KUKA-KRC4-ProfiNet_4.1-20170630	2020-07-07 12:50	XML 文档	179 KB
GSDML-V2.33-KUKA-KRC4-ProfiNet_5.0-20181102	2020-07-07 12:50	XML 文档	192 KB
GSDML-V2.34-KUKA-KR C5-20191009	2020-07-07 12:50	XML 文档	192 KB
KUKA-Logo-Orange-Gradient-RGB-S-Clear	2020-07-07 12:50	BMP 文件	38 KB

图 10-5

2）创建项目。打开 TIA 博途软件，选择"启动"，单击"创建新项目"，在"项目名称"中输入创建的项目名称（本例为项目 2），单击"创建"按钮，选择"CPU 1215C DC/DC/DC"，如图 10-6～图 10-8 所示。

图　10-6

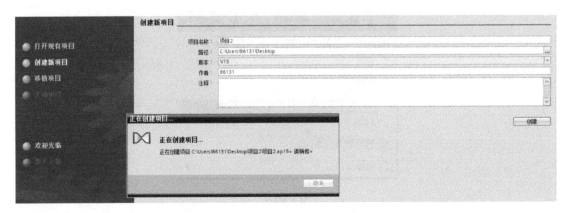

图　10-7

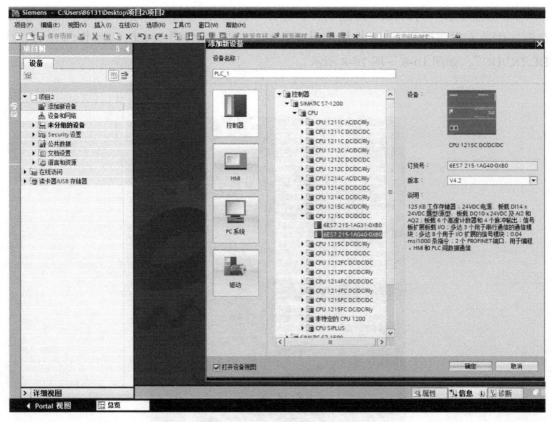

图　10-8

3）在"选项"菜单中选择"管理通用站描述文件（GSD）（D）"，找到 KUKA 工业机器人的 GSDML 配置文件 GSDML-V2.31-KUKA-KRC4-ProfiNet_3.2-20140908，单击"安装"按钮，将 GSDML 配置文件安装到博途的 PLC 组态软件中，注意版本要与KUKA 工业机器人中的 PROFINET 通信软件包一致，如图 10-9 ～图 10-11 所示。

图　10-9

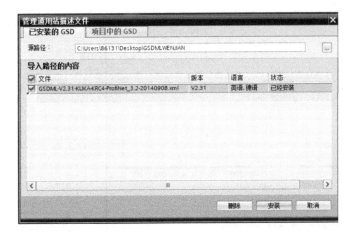

图　10-10

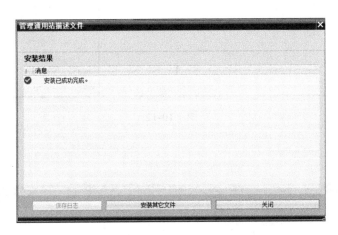

图　10-11

4）添加KUKA工业机器人。在"网络视图"选项卡中，选择"其它现场设备"→"PROFINET IO"→"I/O"，"KUKA Roboter GmbH"→"KRC4–ProfiNet_3.2"，将图标"KRC4–ProfiNet_3.2"拖入"网络视图"中，如图10-12所示。

5）修改PLC的IP地址及PPROFINET设备名称。在"网络视图"选项卡中选择PLC_1的网口，修改IP地址为"192.168.1.10"，默认自动生成PROFINET设备名称"plc_1"，如图10-13所示。

6）修改KUKA工业机器人的IP地址及PROFINET设备名称。在"网络视图"选项卡中选择KRC4的网口，修改IP地址为"192.168.1.20"，修改PROFINET设备名称为"kuka1"，如图10-14所示。

7）建立PLC与KUKA工业机器人PROFINET通信。用鼠标将PLC的绿色PROFINET通信口拖至"KRC4–ProfiNet_3.2"绿色PROFINET通信口上，即建立起PLC和KUKA工业机器人之间的PROFINET通信连接，如图10-15所示。

图 10-12

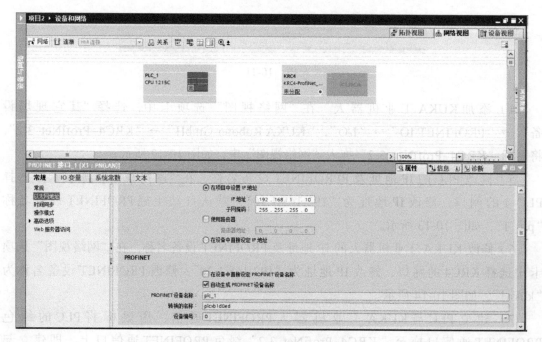

图 10-13

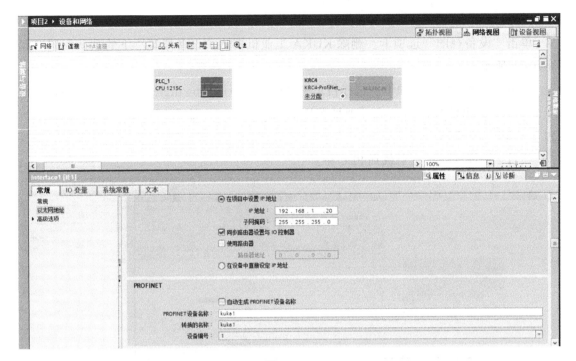

图　10-14

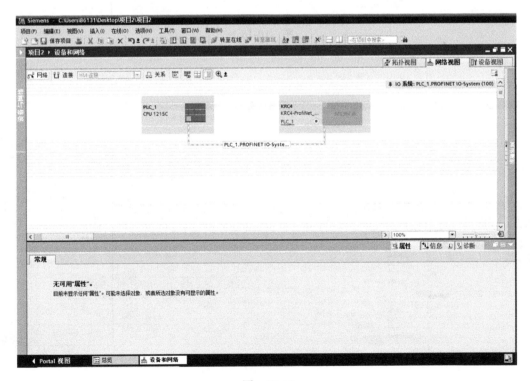

图　10-15

8）设置 KUKA 工业机器人通信输入 / 输出信号。

单击"设备视图"选项卡，删除 KUKA 工业机器人"设备概览"下的默认配置，如图 10-16 所示。

单击"设备视图"选项卡，选择目录树"模块"下的"64 digital in–and outputs"，即 64 个输入 / 输出信号，输入信号地址范围为 I2.0 ～ I9.7，输出信号地址范围为 Q2.0 ～ Q9.7，如图 10-17 所示。

项目 2 编译无误后，下载到 PLC 中。

图　10-16

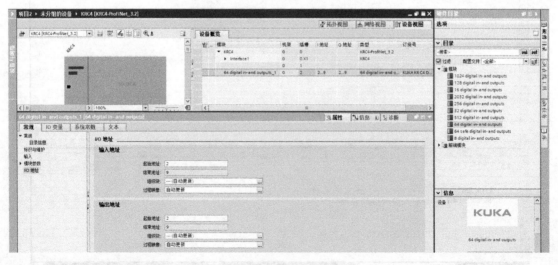

图　10-17

10.1.2　KUKA 工业机器人 PROFINET 通信配置

KUKA 工业机器人 PROFINET 通信配置步骤如下：

1）打开 WorkVisual 软件，添加 PROFINET 通信软件包。在 "Extras" 菜单中选择 "备选软件包管理"，如图 10-18 所示。

图　10-18

2）单击右侧窗口的 "+" 按钮，找到 PROFINET 通信软件包。本例中 PROFINET 通信软件包在 E 盘 "PROFINET KRC-NEXXT" → "KOP" → "Profinet KRC-Nexxt.kop" 中，将其选中并单击 "打开" 按钮，进行 PROFINET 通信软件包的安装，如图 10-19、图 10-20 所示。

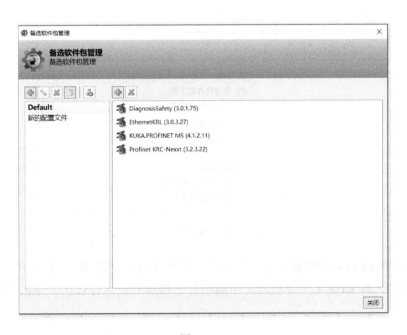

图　10-19

图 10-20

3）PROFINET 通信软件包的 DTM 样本管理。在"Extras"菜单中选择"DTM-Catalog Management"，样本开始更新，如图 10-21 所示。选择"Search for installed DTMs"，如图 10-22 所示。单击">>"，将样本移到右边窗口，使样本生效，如图 10-23 所示。

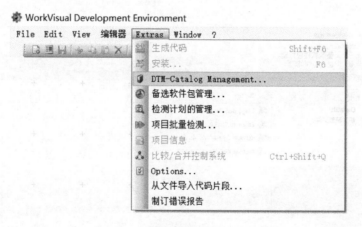

图 10-21

4）打开 WorkVisual 软件，在"File"菜单中依次选择"查找项目"→"搜索"→"更新"，将 KUKA 工业机器人中的项目上传到笔记本计算机。单击"打开"按钮将项目打开。

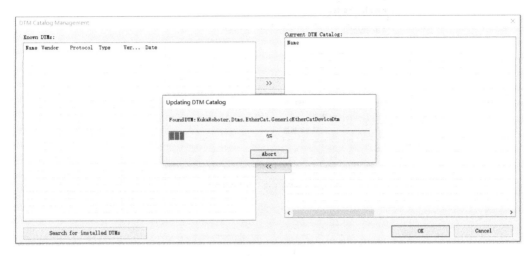

图　10-22

图　10-23

5）选择控制柜设备，右击"设为激活的控制系统"，如图10-24、图10-25所示。

6）添加PROFINET总线。右击"Bus Structure"，单击"Add..."，在弹出的窗口中选择"PROFINET"，单击"确定"按钮添加PROFINET总线，如图10-26、图10-27所示。

图　10-24

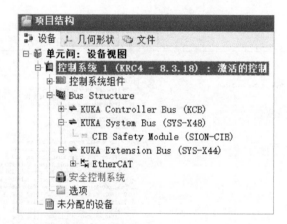

图　10-25

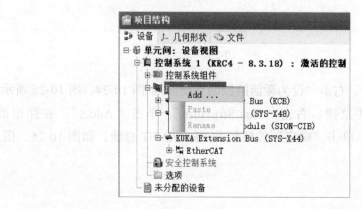

图　10-26

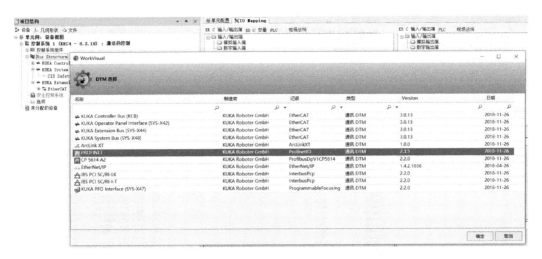

图　10-27

7）PROFINET 总线设定。双击"PROFINET"，在"Device name"文本框中输入设备名，本例为"kuka1"，与博途中设定一致，如图 10-14 所示。勾选"Activate PROFINET device stack"复选框，激活"PROFINET device"的设定。本例中不使用安全功能，将"Number of safe I/Os"设为 0，"Number of I/Os"设为 64，即输入/输出点各 64 个。PROFINET 通信软件包选择"KRC4–ProfiNet 3.2"，如图 10-28 所示。

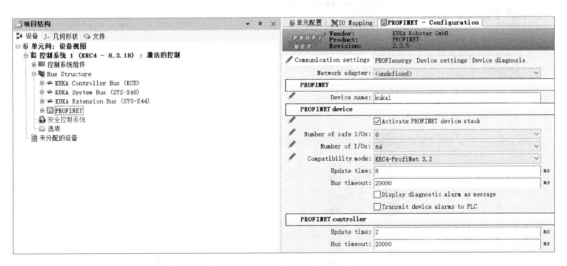

图　10-28

8）PROFINET 总线的地址配置。在左侧窗口中选择"数字输入端"，在右侧窗口的"现场总线"选项卡中选择"PROFINET"，选择 02：01：0001 Input ～ 02：01：0064 Input 与 $IN[17] ～ $IN[80]，单击连接按钮 🔗 进行连接。这样就给 PROFINET 总线分配了 64 个输入点，对应的信号名为 $IN[17] ～ $IN[80]，如图 10-29、图 10-30 所示。

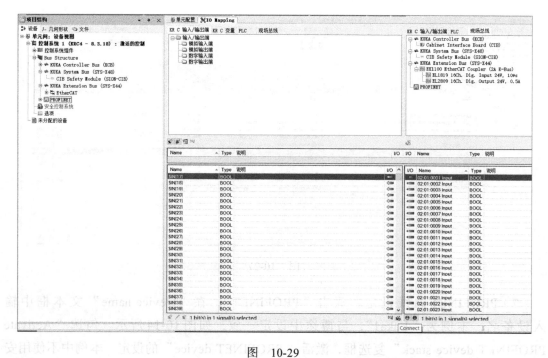

图 10-29

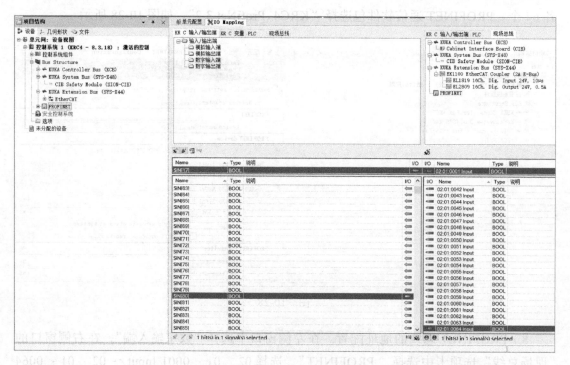

图 10-30

在左侧窗口中选择"数字输出端",在右侧窗口的"现场总线"选项卡中选择"PROFINET",选择 02:01:0001 Output ~ 02:01:0064 Output 与 $OUT [17] ~ $OUT

［80］，单击连接按钮 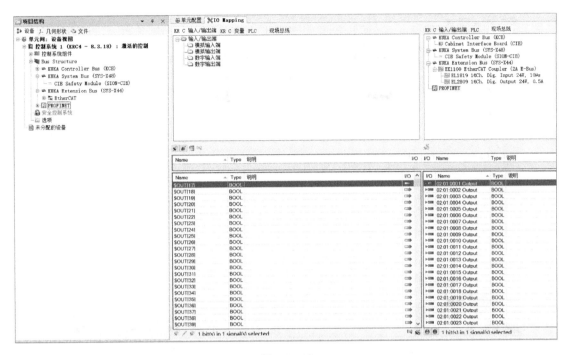 进行连接。这样就给 PROFINET 总线分配了 64 个输出点，对应的信号名为 \$OUT［17］～ \$OUT［80］，如图 10-31、图 10-32 所示。

图 10-31

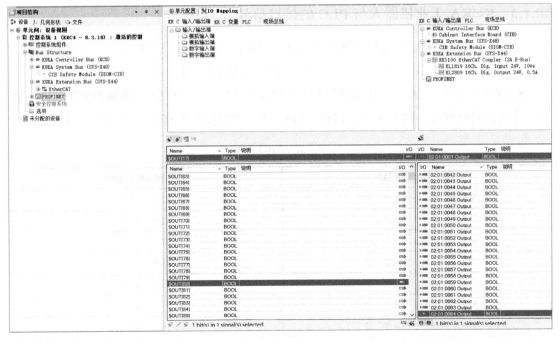

图 10-32

9）对配置进行编译，传输到机器人中。单击编译按钮生成代码。单击安装按钮，将 WorkVisual 软件所做的配置传输到 KUKA 的控制系统中，如图 10-33 所示。

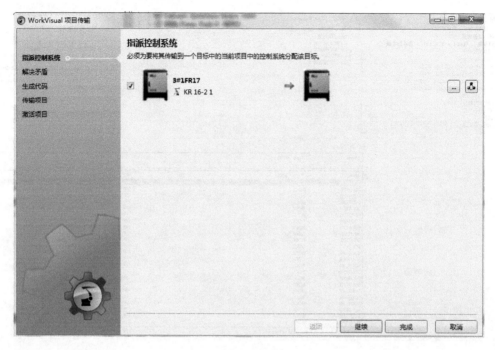

图　10-33

10.1.3　KUKA 工业机器人与 PLC 的接口信号

KUKA 工业机器人与 PLC 的接口信号见表 10-1、表 10-2。KUKA 工业机器人的输出信号即 PLC 的输入信号，KUKA 工业机器人的输入信号即 PLC 的输出信号。

KUKA 工业机器人与 PLC 的接口信号数量相同，一一对应。例如 $OUT［17］和 I2.0 等效，同时导通，同时关断；同样，$IN［17］和 Q2.0 等效，同时导通，同时关断。

表　10-1

机器人输出信号地址	PLC 输入信号地址
$OUT［17］～ $OUT［24］	I2.0 ～ I2.7
$OUT［25］～ $OUT［32］	I3.0 ～ I3.7
$OUT［33］～ $OUT［40］	I4.0 ～ I4.7
$OUT［41］～ $OUT［48］	I5.0 ～ I5.7
$OUT［49］～ $OUT［56］	I6.0 ～ I6.7
$OUT［57］～ $OUT［64］	I7.0 ～ I7.7
$OUT［65］～ $OUT［72］	I8.0 ～ I8.7
$OUT［73］～ $OUT［80］	I9.0 ～ I9.7

表 10-2

机器人输入信号地址	PLC 输出信号地址
$IN [17] ~ $IN [24]	Q2.0 ~ Q2.7
$IN [25] ~ $IN [32]	Q3.0 ~ Q3.7
$IN [33] ~ $IN [40]	Q4.0 ~ Q4.7
$IN [41] ~ $IN [48]	Q5.0 ~ Q5.7
$IN [49] ~ $IN [56]	Q6.0 ~ Q6.7
$IN [57] ~ $IN [64]	Q7.0 ~ Q7.7
$IN [65] ~ $IN [72]	Q8.0 ~ Q8.7
$IN [73] ~ $IN [80]	Q9.0 ~ Q9.7

10.1.4 KUKA 工业机器人 IP 地址的设置

在标准供货方案中，KLI 接口已默认设置为静态 IP 地址 172.31.1.147。KUKA 定义了内部子网，网段分别为 192.168.0.×、172.17.×.×、172.16.×.×。这三个网段被 KUKA 工业机器人内部占用，设置 IP 地址时不要用这三个网段。

选择专家模式，再依次选择"投入运行"→"网络配置"，将库卡线路接口 KLI 的 IP 地址修改为"192.168.1.20"，子网掩码为"255.255.255.0"，保存设置，如图 10-34、图 10-35 所示。

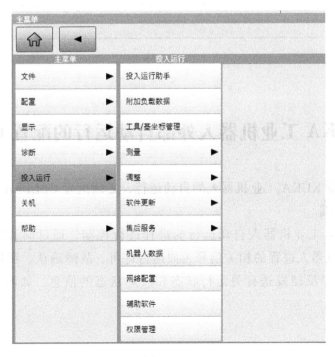

图 10-34

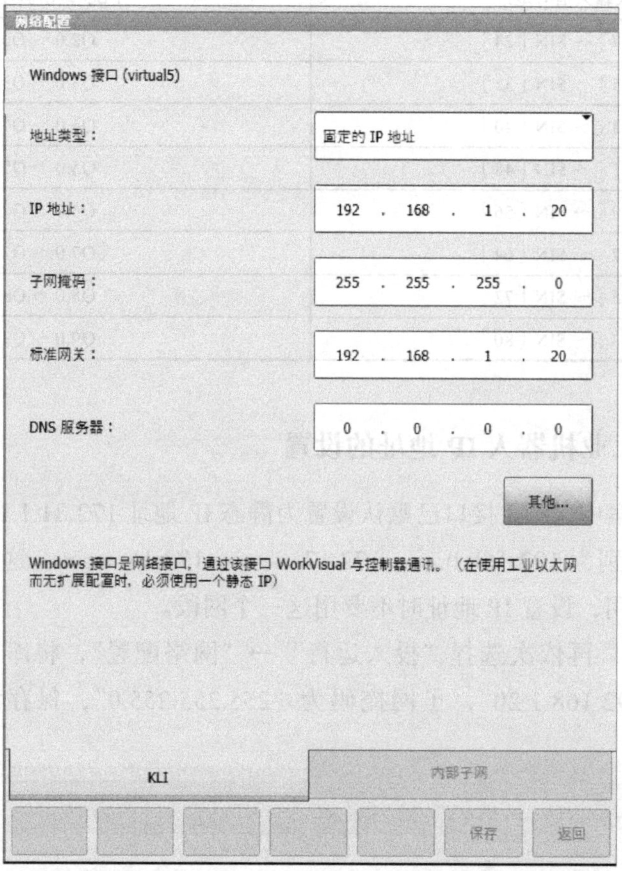

图 10-35

10.2 KUKA 工业机器人外部自动运行的配置方法

使用 PLC 控制 KUKA 工业机器人的自动运行，必须配置 CELL.src 程序和外部自动运行的输入 / 输出端。

PLC 对 KUKA 工业机器人自动运行的进程进行控制，通过向 KUKA 工业机器人的控制系统发出机器人进程的相关信号（如运行许可、故障确认、程序启动等），机器人控制系统向 PLC 反馈发送有关运行状态和故障状态的信息，如图 10-36、图 10-37 所示。

图　10-36

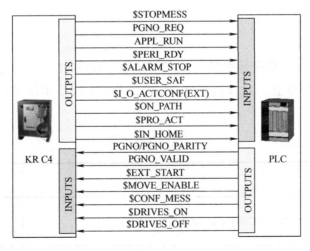

图　10-37

1. KUKA 工业机器人的输入端信号（PLC → KR C4）

输入端信号如图 10-38 所示。

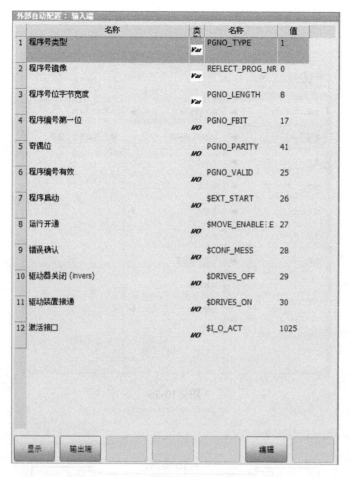

图　10-38

（1）PGNO_TYPE（程序号类型）　此信号确定了读取 PLC 传送的程序号的类型，读取的格式有：二进制数值、BCD 值、"N 选 1"，见表 10-3。本例中设为 1，程序编号为二进制方式。

表　10-3

值	说明	实例
1	以二进制数值读取。PLC 以二进制数值形式传递程序号	00100110 程序号是 38
2	以 BCD 值读取。PLC 以 BCD 值的形式传递程序号	00100110 程序号是 26
3	以 N 选 1 读取。PLC 以 N 选 1 的形式传递程序号	00000100 程序号是 3

（2）REFLECT_PROG_NR（程序号镜像） 此信号决定是否将程序号镜像反馈给PLC。本例中设为0，即不进行镜像。

（3）PGNO_LENGTH（程序号位字节宽度） 此信号确定了PLC传送的程序号的长度。值域：1～16。本例中设为8，程序号的长度为8位。

（4）PGNO_FBIT（程序编号第一位） 此信号确定程序号的8位二进制的第一位。本例中设为17，程序号位字节宽度值为8，程序号由输入信号 $IN［17］、$IN［18］、$IN［19］、$IN［20］、$IN［21］、$IN［22］、$IN［23］、$IN［24］组成的二进制数值构成。

（5）PGNO_PARITY（奇偶位） 此信号确定了PLC传递程序号时进行奇偶校验，见表10-4。本例中设为41，进行程序号的偶校验，输入信号 $IN［41］对应PLC的输出信号Q5.0。

表 10-4

输入端	说明
负值	奇校验
0	无分析
正值	偶校验

（6）PGNO_VALID（程序编号有效） 此信号确定了PLC传送的程序号有效，见表10-5。本例中设为25，输入信号 $IN［25］的上升沿确定PLC发送的程序号有效。此信号有效后，机器人开始在 CELL.src 程序的 LOOP 和 ENDLOOP 之间循环执行子程序。

表 10-5

输入端	说明
负值	在信号的脉冲下降沿调用程序号
0	在程序启动（EXT_START）信号的脉冲上升沿调用程序号
正值	在信号的脉冲上升沿调用程序号

（7）$EXT_START（程序启动） 接口激活（$I_O_ACTCONF）时，此信号将启动或继续一个程序（一般为CELL.src），此信号的脉冲上升沿有效。本例中设为26，输入信号 $IN［26］的上升沿启动 CELL.src 程序。

（8）$MOVE_ENABLE（运行开通） 此信号确定了PLC对机器人的驱动器进行使能控制，见表10-6。本例中设为27，输入信号 $IN［27］为高电平时，驱动器使能。

表 10-6

信号	说明
TRUE	可手动运行和执行程序
FALSE	停住所有驱动装置并锁住所有激活的指令

（9）$CONF_MESS（错误确认）当故障原因排除后，通过给此信号使能，PLC将确认机器人的故障信息。本例中设为28，输入信号 $IN［28］为高电平时，确认机器人的故障解除。

（10）$DRIVES_OFF（驱动器关闭）如果在此信号持续施加至少持续20ms的低脉冲，则PLC会关断机器人驱动装置。本例中设为29，输入信号 $IN［29］为高电平时，驱动器工作；输入信号 $IN［29］为持续20 ms以上的低脉冲时，驱动器关闭。

（11）$DRIVES_ON（驱动装置接通）通过此信号给机器人伺服驱动装置上电，此信号触发至少持续20ms的高脉冲，直到驱动装置处于待机运行状态（$PERI_RDY），断开此信号。本例中设为30，输入信号 $IN［30］为高脉冲时，驱动器工作。

（12）$I_O_ACT（激活接口）通过此信号进行外部自动运行激活。本例中设为1025，输入信号 $IN［1025］为系统默认的高电平信号，$IN［1025］状态一直为 ON，接口激活，机器人可以进行外部自动运行（$EXT）。

2. KUKA 工业机器人的输出端信号（KR C4 → PLC）

启动条件输出端信号如图10-39所示。

（1）$RC_RDY1（控制器就绪）此输出信号由机器人控制器发出，通知PLC机器人已准备就绪。本例中设为17，机器人控制器准备就绪后，输出信号 $OUT［17］为1。

（2）$ALARM_STOP（紧急关断环路关闭）当按下紧急停止按键时，机器人会向PLC发出此信号。本例中设为18，机器人正常工作时，输出信号 $OUT［18］为1；当按下紧急停止按键时，输出信号 $OUT［18］为0。

（3）$USER_SAF（操作人员防护装置关闭）此信号在外部自动模式时，防护装置（如安全门、卷帘门）被打开的时候，机器人会发出一个用户安全停止控制信号。本例中设为19，安全门闭合时，输出信号 $OUT［19］为1；安全门打开时，输出信号 $OUT［19］为0。

（4）$PERI_RDY（驱动装置处于待机运行状态）通过设定此输出信号，机器人控制系统通知PLC，机器人驱动装置已接通。本例中设为20，机器人驱动装置已接通，输出信号 $OUT［20］为1。

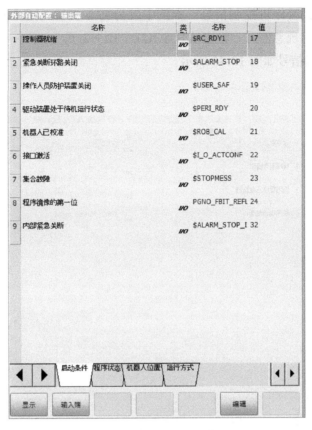

图　10-39

（5）$ROB_CAL（机器人已校准）　机器人进行校准后，输出此信号。本例中设为21，机器人进行校准后，零点正常，输出信号 $OUT［21］为1；输出信号 $OUT［21］为0时，机器人需要进行零点校正。

（6）$I_O_ACTCONF（接口激活）　机器人选择了外部自动运行方式并且输入端 $I_O_ACT 为1时，此信号输出为1。本例中设为22，机器人进行外部自动运行，输出信号 $OUT［22］为1。

（7）$STOPMESS（集合故障）　当按下紧急停止按键、操作人员防护装置被打开、机器人出现故障时，机器人会发出此信号。本例中设为23，机器人出现故障时，输出信号 $OUT［23］为1；机器人正常时，输出信号 $OUT［23］为0。

（8）PGNO_FBIT_REFL（程序镜像的第一位）　机器人反馈给 PLC 的程序号的第一位。本例中设为24，机器人反馈给 PLC 的程序号的第一位是 $OUT［24］。$OUT［24］～$OUT［31］为机器人反馈给 PLC 的程序号。PLC 判断发送给机器人的程序号与机器人反馈的程序号是否相同，两者一致，程序号有效。

（9）$ALARM_STOP_I（内部紧急关断）　此信号在机器人自身急停和外部急停下触

发时，会发出一个报警停机控制信号。本例中设为32，机器人正常时，输出信号 $OUT [32] 为1；机器人出现急停时，输出信号 $OUT [32] 为0。

程序状态输出端信号如图10-40所示。

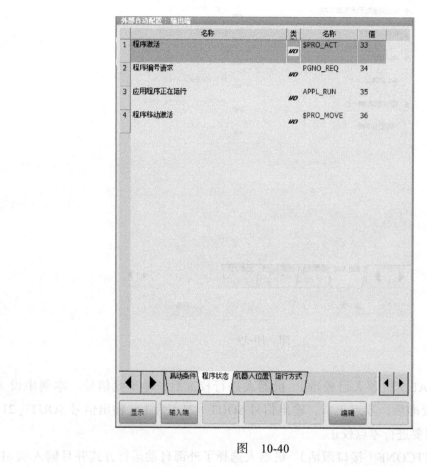

图 10-40

（1）$PRO_ACT（程序激活） 当机器人程序（CELL.src）启动运行后，此输出端为1。本例中设为33，机器人运行 CELL.src 程序时，输出信号 $OUT [33] 为1。

（2）PGNO_REQ（程序编号请求） 此信号输出高电平，要求 PLC 传送一个程序号。本例中设为34，输出信号 $OUT [34] 为1，请求 PLC 发送程序号。

（3）APPL_RUN（应用程序正在运行） 此信号是机器人通知 PLC 正在处理有关程序（CELL. src 中的子程序）。本例中设为35，主程序 CELL.src 调用子程序运行时，执行如图10-43中的②部分的程序时，输出信号 $OUT [35] 为1。

（4）$PRO_MOVE（程序移动激活） 当机器人运动时，此信号输出为1。本例中设为36，机器人运动时，输出信号 $OUT [36] 为1。

工业机器人位置输出端信号如图 10-41 所示。

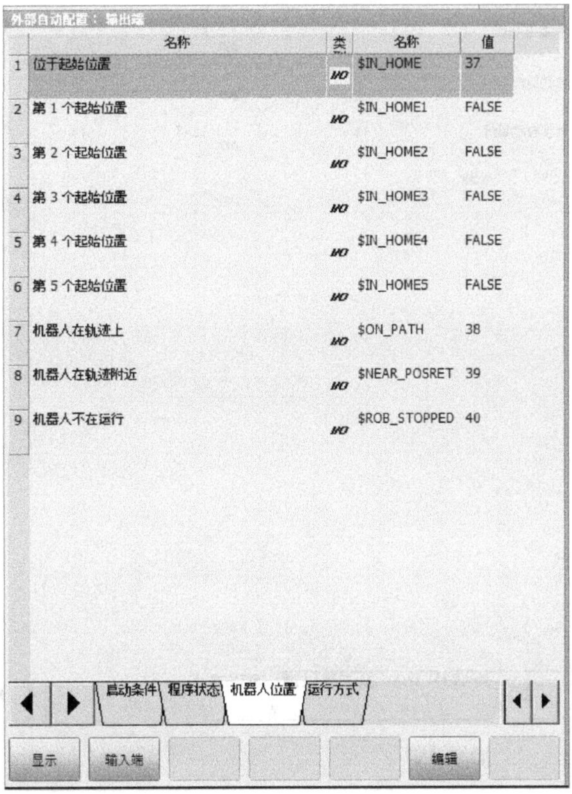

图　10-41

（1）$IN_HOME（位于起始位置）　此信号告知 PLC，机器人正位于其起始位置（HOME）。本例中设为 37，机器人在原点时，输出信号 $OUT［37］为1。

（2）$ON_PATH（机器人在轨迹上）　机器人位于编程设定的精确轨迹上，此信号输出为1。本例中设为 38，机器人在路径轨迹上时，输出信号 $OUT［38］为1。

（3）$NEAR_POSRET（机器人在轨迹附近）　机器人位于编程路径附近的轨迹上，此信号输出为1。本例中设为 39，机器人在路径轨迹附近时，输出信号 $OUT［39］为1。路径范围可调。

（4）$ROB_STOPPED（机器人不在运行）　机器人在急停、暂停、正常待机等静止状态时，此信号输出为1。本例中设为 40，机器人静止时，输出信号 $OUT［40］为1。

机器人运行方式输出端信号如图 10-42 所示。

（1）$T1（测试 1 运行）　机器人在 T1 模式时，此信号输出为1。本例中设为 41，机器人在 T1 模式时，输出信号 $OUT［41］为1。

（2）$T2（测试 2 运行）　机器人在 T2 模式时，此信号输出为1。本例中设为 42，机器人在 T2 模式时，输出信号 $OUT［42］为1。

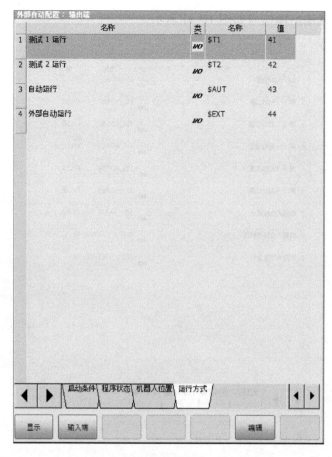

图 10-42

（3）$AUT（自动运行） 机器人在自动运行模式时，此信号输出为1。本例中设为43，机器人在自动运行模式时，输出信号 $OUT［43］为1。

（4）$EXT（外部自动运行） 机器人在外部自动运行模式时，此信号输出为1。本例中设为44，机器人在外部自动运行模式时，输出信号 $OUT［44］为1。通过 PLC 控制机器人运行的模式，即为外部自动运行模式。

3. CELL 程序的结构和功能

管理由 PLC 传输的程序号时，需要使用控制程序 CELL.src。控制程序 CELL.src 相当于主程序，在主程序中调用子程序，该程序始终位于文件夹"R1"中。CELL 程序可以进行个性化调整，但程序的结构必须保持不变。CELL 程序标注及标注说明见图 10-43、表 10-7。

CELL.src 程序的执行过程：

1）在 T1 或 T2 模式下运行 CELL.src 程序，执行图 10-43 中的①部分，KUKA 工业机器人执行回 HOME 点，执行 BCO 运行，窗口显示"已达 BCO"，BCO 运行使 KUKA 工业机器人运行到轨迹上。BCO 对应的英文是 block coincidence，译作程序段重合。为了使当前机器人的位置与机器人程序中当前点的位置一致，必须执行 BCO 运行。

2）在外部自动运行（EXT）模式下，图 10-43 中的②部分指令 LOOP 和 ENDLOOP 之间循环执行程序。P00（#EXT PGNO，#PGNO，GET，DMY[]，0）实现从 PLC 获取程序号。SWITCH PGNO 表示当程序号为 1 时，执行 CASE 1 中的程序；程序号为 2 时，执行 CASE 2 中的程序；程序号为 3 时，执行 CASE 3 中的程序。

3）CASE 1 执行 1 号程序，图 10-43 需要去掉"EXAMPLE1()"前的"；"，则执行 EXAMPLE1() 程序，也可以在 P00（#EXT_PGNO，#PGNO_ACKN，DMY[]，0）后面调用另外编写的程序；CASE 2 执行 2 号程序，图 10-43 需要去掉"EXAMPLE2()"前的"；"，则执行 EXAMPLE2() 程序，也可以在 P00（#EXT_PGNO，#PGNO_ACKN，DMY[]，0）后面调用另外编写的程序；CASE 3 执行 3 号程序，图 10-43 需要去掉"EXAMPLE3()"前的"；"，则执行 EXAMPLE3() 程序，也可以在 P00（#EXT_PGNO，#PGNO_ACKN，DMY[]，0）后面调用另外编写的程序。

```
1   DEF  CELL ( )
6   INIT                                      ①
7   BASISTECH INI
8   CHECK HOME
9   PTP HOME  Vel= 100 % DEFAULT
10  AUTOEXT INI
11    LOOP                                    ②
12      P00 (#EXT PGNO,#PGNO GET,DMY[],0 )
13      SWITCH  PGNO ; Select with Programnumber
14                                            ③
15      CASE 1
16        P00 (#EXT_PGNO,#PGNO_ACKN,DMY[],0 )
17        ;EXAMPLE1 ( ) ; Call User-Program
18
19      CASE 2
20        P00 (#EXT_PGNO,#PGNO_ACKN,DMY[],0 )
21        ;EXAMPLE2 ( ) ; Call User-Program
22
23      CASE 3
24        P00 (#EXT_PGNO,#PGNO_ACKN,DMY[],0 )
25        ;EXAMPLE3 ( ) ; Call User-Program
26
27      DEFAULT
28        P00 (#EXT_PGNO,#PGNO_FAULT,DMY[],0 )
29      ENDSWITCH
30    ENDLOOP
31  END
```

图　10-43

表　10-7

编号	说明
1	初始化和回 HOME 位置 1）初始化基坐标参数 2）根据 HOME 位置检查机器人位置 3）初始化外部自动运行接口

（续）

编号	说明
2	无限循环 1）通过模块"P00"询问程序号 2）进入已经确定程序号的选择循环
3	1）根据程序号（保存在变量"PGNO"中）跳转到相应的分支（"CASE"）中 2）记录在分支中的机器人程序即被运行 3）无效的程序号会导致程序跳转到"默认的"（DEFAULT）分支中 4）运行成功结束后会自动重复这一循环

4.外部自动启动时序

通过程序号选定程序启动 KUKA 工业机器人，如图 10-38 所示。程序号类型为 1，说明程序号由二进制数值读取。程序编号第一位为 17，程序号位字节宽度为 8，说明程序号由 $IN［17］、$IN［18］、$IN［19］、$IN［20］、$IN［21］、$IN［22］、$IN［23］、$IN［24］组成的二进制构成。

例如，$IN［17］为高电平 1，则程序号为二进制 00000001，转换成十进制后为 1，即程序号 1。图 10-43 的 CELL 程序中，CASE 1 执行 1 号程序，需要去掉"EXAMPLE1()前的";"，则执行 EXAMPLE1()程序。即 $IN［17］为高电平 1 时，执行 EXAMPLE1()程序。

（1）控制 KUKA 工业机器人运动时序

步骤 1：在 T1 模式下把用户程序按控制要求插入 CELL.src 中，选择 CELL.src 程序，手动运行程序到达"BCO"，再把机器人运行模式切换到外部自动运行模式（EXT）。

步骤 2：在机器人系统没有报错的条件下，PLC 通电后就要给机器人发出 $MOVE_ENABLE 高电平信号（并保持）。

步骤 3：PLC 给出 $MOVE_ENABLE 信号 500ms 后，再给机器人发送 $DRIVES_OFF 高电平信号（并保持）。

步骤 4：PLC 给出 $DRIVES_OFF 信号 500ms 后，再给机器人发送 $DRIVES_ON 脉冲信号。机器人接到 $DRIVES_ON 后，发出信号 $PERI_RDY（驱动装置处于待机运行状态）给 PLC，当 PLC 接到这个信号后，断开 $DRIVES_ON。

步骤 5：PLC 发给机器人 $EXT_START（脉冲信号）就可以启动机器人的 CELL.src 程序。

步骤 6：当 PLC 接收到 PGNO_REQ 信号后，PLC 要把程序号发给机器人。

步骤 7：当 PLC 发出程序号 500ms 后，PLC 发给机器人 $PGNO_VAILD 脉冲信号，机器人程序号（PGNO）的值生效，KUKA 工业机器人执行给定程序号的子程序，开始运动。

如果在生产过程中改变程序号，控制过程重复步骤6和步骤7，PLC发给机器人 $PGNO_VAILD 脉冲信号，机器人选择新的程序，开始运动。

（2）停止机器人　断掉信号 $DRIVES_OFF，这种停止是断掉机器人伺服系统。

（3）停止后继续启动机器人　重复步骤3、步骤4、步骤5就可以启动。

（4）机器人故障复位　当机器人有 $STOPMESS（集合故障）信号时，PLC发给机器人 $CONF_MESS（脉冲信号）可以复位故障，$STOPMESS 为 0。

5. PLC 控制程序示例

PLC 控制程序示例的接口见表 10-8、表 10-9。

表　10-8

PLC 输入信号	机器人输出信号	说明
I2.1	$OUT〔18〕	紧急关断环路关闭 $ALARM_STOP
I2.2	$OUT〔19〕	操作人员防护装置关闭 $USER_SAF
I2.3	$OUT〔20〕	驱动装置处于待机运行状态 $PERI_RDY
I2.5	$OUT〔22〕	接口激活 $I_O_ACTCONF
I2.6	$OUT〔23〕	集合故障 $STOPMESS
I4.0	$OUT〔33〕	程序激活 $PRO_ACT
I4.1	$OUT〔34〕	程序编号请求 PGNO_REQ
I4.5	$OUT〔38〕	机器人在轨迹上 $ON_PATH
I5.3	$OUT〔44〕	外部自动运行 $EXT
I60.0	—	程序启动按钮
I60.1	—	程序停止按钮

表 10-9

PLC 输出信号	机器人输入信号	说明
QB2	$IN [17] ~ $IN [24]	程序号
Q3.0	$IN [25]	程序编号有效 PGNO_VALID
Q3.1	$IN [26]	程序启动 $EXT_START
Q3.2	$IN [27]	运行开通 $MOVE_ENABLE
Q3.3	$IN [28]	错误确认 $CONF_MESS
Q3.4	$IN [29]	驱动器关闭 $DRIVES_OFF
Q3.5	$IN [30]	驱动装置接通 $DRIVES_ON
Q5.0	$IN [41]	程序号的奇偶位 PGNO_PARITY

PLC 控制示例程序如下:

(1) MOVE_ENABLE 运行开通　如图 10-44 所示,机器人急停回路信号闭合,$OUT [18] 为 1,紧急关断环路关闭,对应 PLC 的 I2.1 导通;PLC 设定的外部条件满足要求,例如机器人不发生干涉、工作条件得到满足等,M6.0 导通;Q3.2 得电,对应机器人的 $IN [27] 为 1,运行开通,MOVE_ENABLE 为 1,一直为高电平,驱动允许运行。

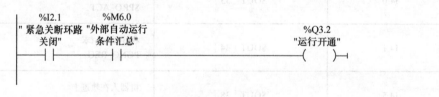

图　10-44

(2) DRIVES_OFF 驱动器关闭　如图 10-45 所示,Q3.2 得电,使用接通延时定时器 T1 延时 500ms 后,Q3.4 线圈得电,对应机器人的 $IN [29] 为 1,DRIVES_OFF 为 1,一直为高电平,驱动器使能。

如果程序停止按钮 I60.1 导通,信号 I60.1 的常闭触点断开,DRIVES_OFF 为 0 时,驱动器关闭,机器人停止。

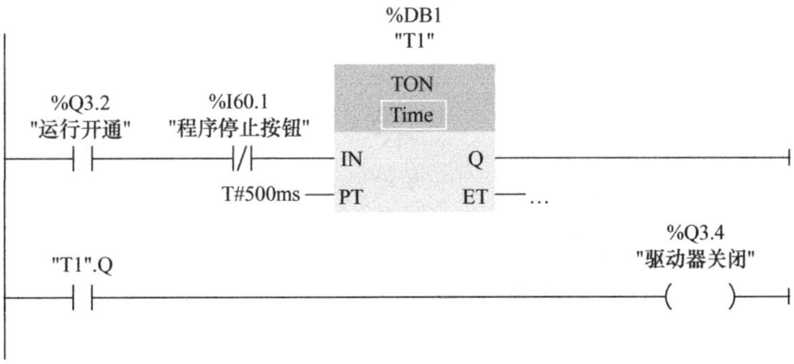

%DB1
"T1"

%Q3.2　　　　%I60.1　　　　　TON
"运行开通"　　"程序停止按钮"　　Time

　　┤├　　　　　┤/├　　　　IN　　　　Q

　　　　　　　　T#500ms ─ PT　　　ET ─ …

　　　　　　　　　　　　　　　　　　　%Q3.4
"T1".Q　　　　　　　　　　　　　　"驱动器关闭"
　┤├　　　　　　　　　　　　　　　　( )

图　10-45

（3）DRIVES_ON 启动装置接通　如图 10-46 所示，外部自动运行模式 I5.3 导通；机器人急停回路信号闭合，紧急关断环路关闭 I2.1 导通；防护门关闭，操作人员防护装置关闭信号 I2.2 导通；机器人"I_O_ACTCONF"接口激活，$OUT［22］为 1，对应的 PLC 信号 I2.5 导通；I2.3 对应驱动装置处于待机运行状态，I2.3 的常闭触点导通，代表驱动装置没有准备好；通过接通延时定时器 T2，Q3.5 导通，DRIVES_ON 为 1，驱动器接通。驱动器接通后，驱动装置准备好，处于待机运行状态，I2.3 的常闭触点断开，Q3.5 失电，DRIVES_ON 为 0，DRIVES_ON 断开。

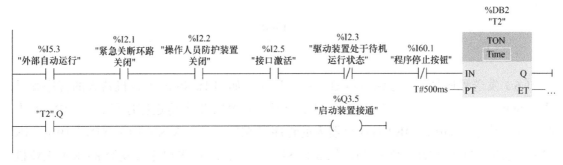

图　10-46

（4）CONF_MESS 错误确认　如图 10-47 所示，外部自动运行模式 I5.3 导通；机器人出现故障时，集合故障 $OUT［23］为 1，对应的 PLC 信号 I2.6 导通。通过接通延时定时器 T3，Q3.3 线圈得电，对应机器人的错误确认信号 $IN［28］为 1，复位故障。直到机器人故障解除，I2.6 断开，Q3.3 线圈失电。

（5）EXT_START 程序启动　如图 10-48 所示，外部自动运行模式 I5.3 导通；驱动装置处于待机运行状态，I2.3 导通；机器人在轨迹上，I4.5 导通；按程序启动按钮 I60.0，Q3.1 线圈得电，机器人对应的 $IN［26］为 1，程序启动 EXT_START 为 1，激活控制程序 CELL.src。直到 CELL.src 的程序激活信号 $OUT［33］为 1，对应 PLC 的 I4.0 常开触点导通，I4.0 的常闭触点断开，Q3.1 线圈失电，程序启动 EXT_START 为 0。

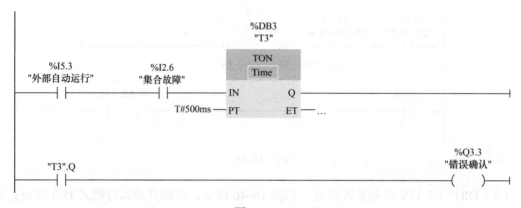

图 10-47

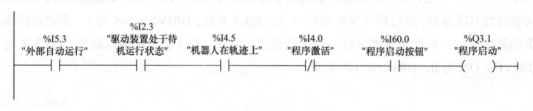

图 10-48

（6）发送程序号，程序编号有效，执行程序　如图 10-49 所示，机器人的程序编号请求 \$OUT［34］为 1，对应 PLC 的 I4.1 导通，MOVE 指令传送程序号，将 MB100 中的程序号传递给 QB2，QB2 对应机器人的程序号 \$IN［17］、\$IN［18］、\$IN［19］、\$IN［20］、\$IN［21］、\$IN［22］、\$IN［23］、\$IN［24］，PLC 将程序号发给 KUKA 工业机器人。通过接通延时定时器 T4 延时 500ms 后，Q3.0 线圈得电，对应机器人的 \$IN［25］程序编号有效；Q5.0 线圈得电，对应机器人的 \$IN［41］程序号偶校验，程序号确认正常后，开始执行控制程序 CELL.src 里面的子程序，如图 10-43 的 EXAMPLE1()、EXAMPLE2() 或 EXAMPLE3() 程序。机器人执行子程序后，开始沿着要求的轨迹运动。

（7）程序号的选择　如图 10-50 所示，M120.0 导通，MB100 为 1，选择程序 EXAMPLE1()。M120.1 导通，MB100 为 2，选择程序 EXAMPLE2()。M120.2 导通，MB100 为 3，选择程序 EXAMPLE3()。可以通过使用触摸屏或者网络发送等方法导通 M120.0、M120.1、M120.2。

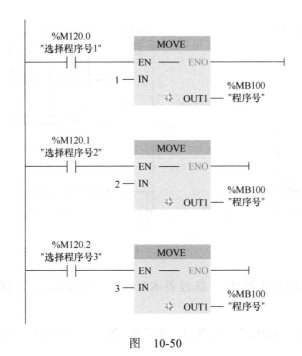

图　10-49

图　10-50

附 录

附录 A　KUKA KR C4 标准型控制柜的组件布局

断路器 Q1、控制系统操作面板（CSP）A2、断路器 Q3、KUKA 工业机器人电源包（KPP）G1、KUKA 伺服包（KSP）T1、KUKA 工业机器人伺服包（KSP）T2、工业交换机 A11、蓄电池 G3.1、蓄电池 G3.2、控制柜控制单元（CCU）A1、KUKA 工业机器人计算机组件 KPC、用户接口的位置如图 A-1 所示。

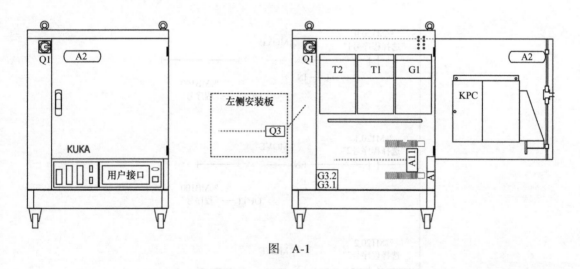

图　A-1

镇流电阻 R1、镇流电阻 R2、滤波器 K1、低压电源 G2、外部风扇 E2 的位置如图 A-2 所示。

控制柜底部的 X1、X20、X11、X55、X67.1、X67.2、X67.3、X19、X21 接口的位置如图 A-3 所示。

KUKA 工业机器人计算机组件 KPC 的线路接口 KLI、控制总线 KCB、系统总线 KSB、双工网卡、USB、X962、X961 接口的位置如图 A-4 所示。

KUKA 工业机器人控制柜控制单元 CCU 常用接口及熔丝规格如图 A-5 所示。

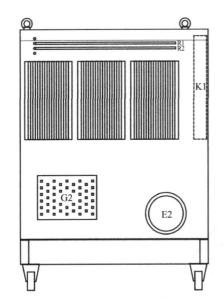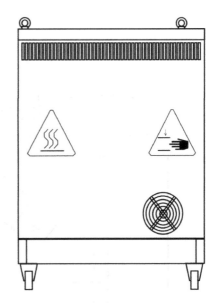

图　A-2

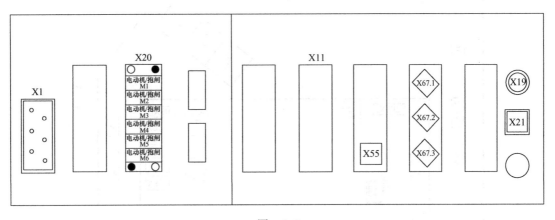

图　A-3

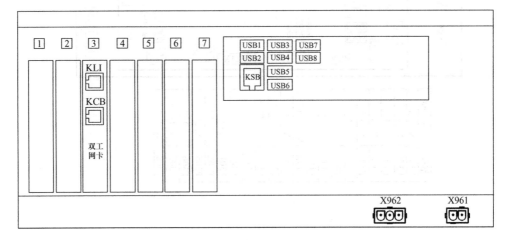

图　A-4

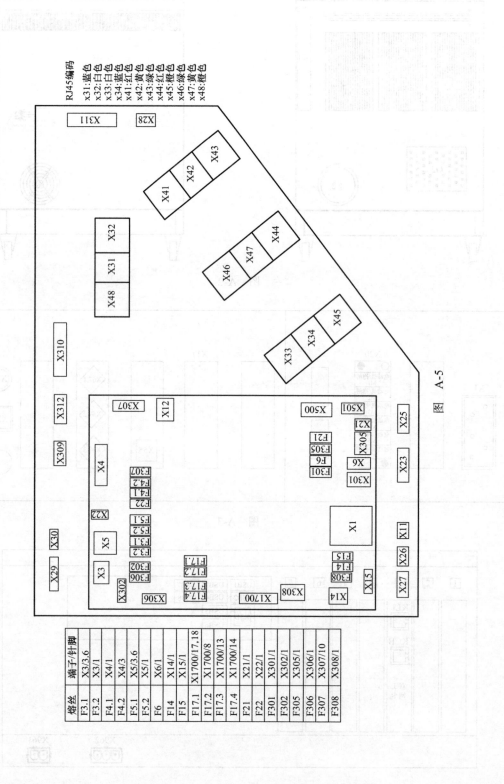

图 A-5

RJ45编码
x31:蓝色
x32:白色
x33:白色
x34:蓝色
x41:红色
x42:黄色
x43:绿色
x44:红色
x45:橙色
x46:绿色
x47:黄色
x48:橙色

熔丝	端子/针脚
F3.1	X3/3.6
F3.2	X3/1
F4.1	X4/1
F4.2	X4/3
F5.1	X5/3.6
F5.2	X5/1
F6	X6/1
F14	X14/1
F15	X15/1
F17.1	X1700/17,18
F17.2	X1700/8
F17.3	X1700/13
F17.4	X1700/14
F21	X21/1
F22	X22/1
F301	X301/1
F302	X302/1
F305	X305/1
F306	X306/1
F307	X307/10
F308	X308/1

附录 B KUKA KR C4 紧凑型控制柜的组件布局

KUKA KR C4 紧凑型控制柜的接口 X11、X19、X65、X69、X12、X55、X21、X66、USB、DVI–I、KONI、滤波器 K1、断路器 Q1、接口 X20 的位置如图 B-1 所示。

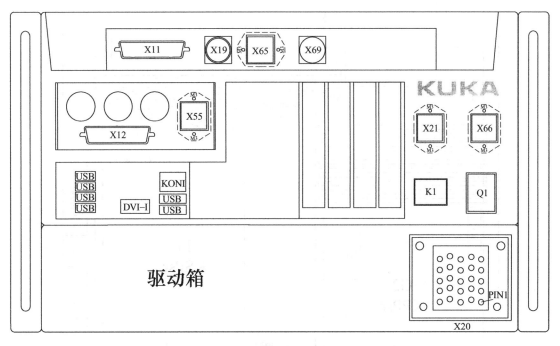

图　B-1

KUKA 工业机器人电源包（KPPsr）G2 的接口 X2、X3、X1、X4、X12、X11、X6、X9、X10，KUKA 工业机器人伺服包（KSPsr）T1 的接口 X1、X2、X7、X8、X9、X10、X11、X12，滤波器 K2，内部风扇 E1、E2，以及镇流电阻 R1、接口 X20 的位置如图 B-2 所示。

低压电源 G1、蓄电池 G3.1、蓄电池 G3.2、风扇 E2、硬盘、风扇 E1、主板 MB、CPU 散热片、总线耦合器（EK1100）A30、数字输入模块（EL1809）A34、数字输出模块（EL2809）A35、滤波器 K1、控制单元（CCUsr）A1 的位置如图 B-3 所示。

总线耦合器（EK1100）A30、数字输入模块（EL1809）A34、数字输出模块（EL2809）A35、总线末端端子模块 EL9011 的位置如图 B-4 所示。

控制单元（CCUsr）的接口及熔丝位置如图 B-5 所示。

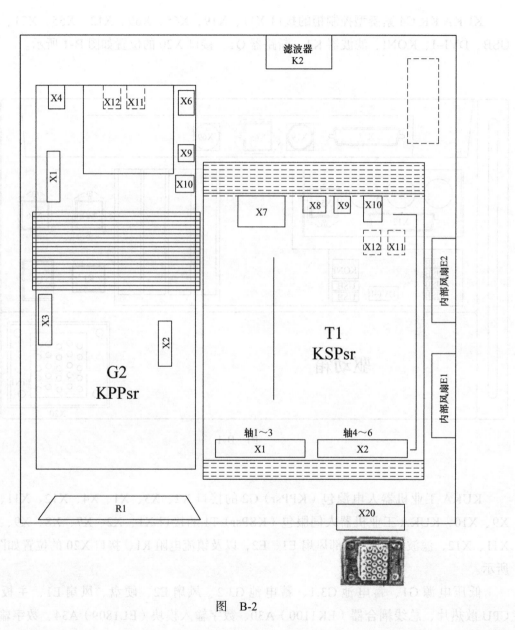

图 B-2

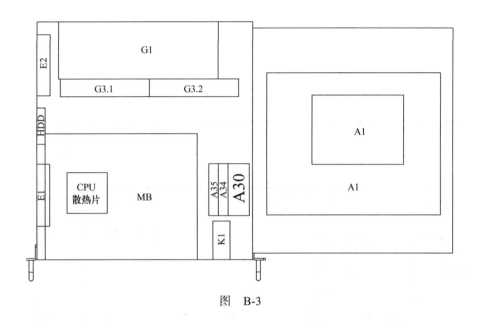

图　B-3

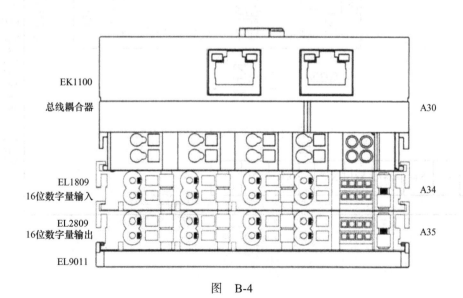

图　B-4

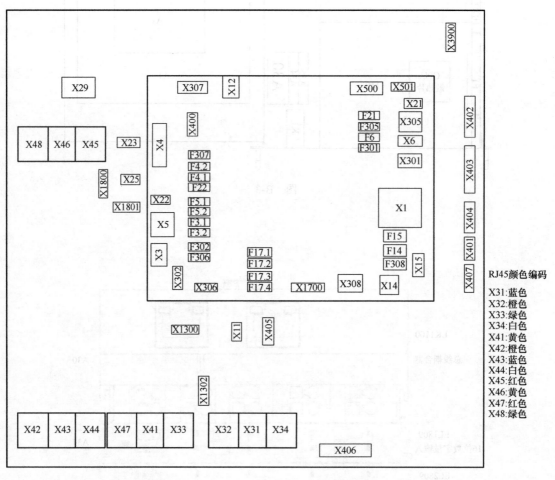

图 B-5

RJ45颜色编码

X31:蓝色
X32:橙色
X33:绿色
X34:白色
X41:黄色
X42:橙色
X43:蓝色
X44:白色
X45:红色
X46:黄色
X47:红色
X48:绿色